绿色低碳城区规划设计

绿色建筑实用技术图集系列（2）

GREEN

BUILDING

前言 PREFACE

气候变化问题是影响未来世界发展的关键因素。城市是全球温室气体排放的重要源头，城市的发展模式成为全球低碳发展的焦点。鉴此，低碳发展理念、低碳生活方式应运而生，并逐渐被大家所理解和认识。

城市实现科学、可持续发展，对我国建设资源节约型、环境友好型社会具有深远的意义。近年来，基于低碳理念的绿色城区规划逐渐受到城市管理者的关注，无论是地方政府，还是地产开发商，都对绿色低碳城区的概念产生了兴趣，越来越关注绿色低碳城区的建设方式、方法技术和措施经验，各省市都在大力推动节能减排措施，倡导低碳生活方式，其对减少二氧化碳排放、促进低碳经济的实施具有重要意义。

然而，城市是人口和产业的聚集区，是不断发展变化的综合体，各个城市的功能定位和发展模式有很大区别，因而，目前有些城市在规划、建设、发展和管理方面也出现了一些问题。

为了方便学习借鉴欧洲等地区发达国家在降低城区能源消耗、实现低碳排放、营造低碳环境、进行低碳管理等方面的建设经验和技术措施，我们收集了欧洲、新加坡、俄罗斯等一些国家和地区在城区低碳排放技术、低碳建筑节能设计、常规能源系统的优化利用等规划设计经验、技术措施和应用案例，经筛选整理，编译成《绿色低碳城区规划设计》参考图书，提供给建设领域相关研究人员、建筑师、设计师、工程师及建设管理人员，希望对指导绿色低碳城区建设，发挥参考借鉴作用。

中国建筑文化中心

二〇一四年六月

目 录

生态住区

学校

综合体

城市总体规划

Contents

沃斯克列先斯科耶总体规划
Voskresenskoye Master Plan

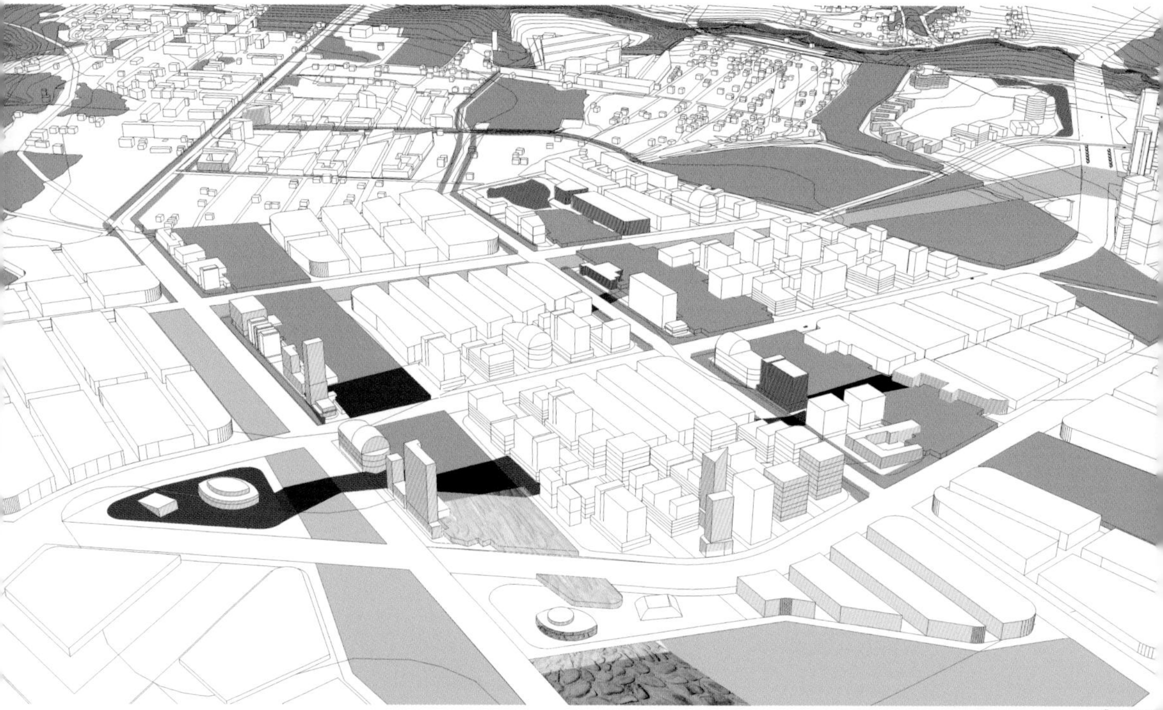

© ARUP

项目概况
项目位置：俄罗斯 · 莫斯科
设计规模：200 公顷
项目类型：可持续的新定居点
规划设计：ARUP 奥雅纳

© ARUP

项目位于莫斯科南部，包括1200公顷农业用地，其目的是要创造一个可持续发展的新定居点，包括住宅、零售、商业（包括一个博览会中心）和休闲开发项目。休闲设施包括一个高尔夫学校和高品质的高尔夫球场。整体开发面积是周围1千万平方米。

© ARUP

可持续发展

一个可持续发展的总体规划——一个生态友好的开发项目。

· 开发项目位于莫斯科南部，占地200公顷。

· 总体规划，城市设计，交通规划，公路及公用设施策略。

· 创建一个新的可持续定居点，包括住宅，零售，商业和休闲项目。

© ARU

莫斯科及其郊区人口超过 1200 万人，目前该地区正在稳步拓展——这里正在兴建更多的居住区，并建立卫星城，为持续增长的外来人口解决居住问题。
奥雅纳公司在俄罗斯参与建设了一定数量的城市开发项目，但是沃斯克列先斯科耶总体规划是其中最为宏大的项目之一。奥雅纳公司提供总体规划，城市设计，交通规划，公路及公用设施策略，为该项目提供环境的协调和可持续发展的建议。

© ARUP

中新天津生态城世茂新城

Sino-singapore Tianjin Eco-city

人视图

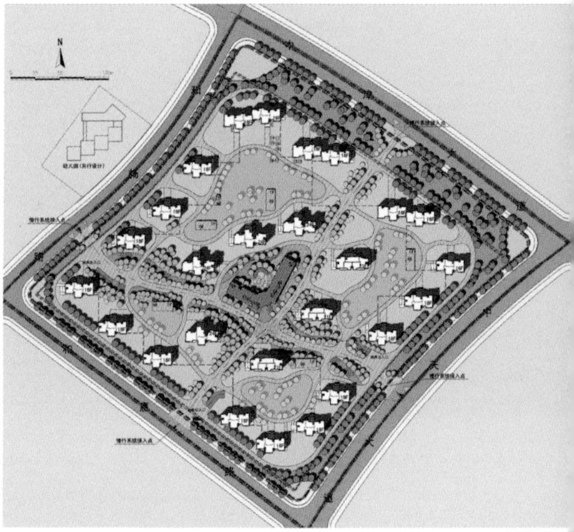
总平面图

项目概况

项目位置：天津 · 滨海新区

设计规模：约 1 平方千米

设计内容：规划设计，修建性详细规划设计

鸟瞰图

中新生态城“世茂新城”项目位于天津滨海新区中新生态城的南大门，紧临永定洲湿地公园，是从彩虹桥和轻轨进入生态城的门户，同时有着独一无二的滨水景观优势。“世茂新城”的天际线成为人们进入中新生态城的第一印象。

世茂新城规划占地约 1 平方千米左右，其结构以生态细胞为单位构筑居住社区，建立生

态细胞—生态社区—生态片区三级居住体系，形成南部片区统一的城市肌理与结构。世茂新城规划以独特自然的景观优势、连续的慢行系统、完善的服务配套设施、社区生物的多样性、主动式与被动式的节能方法，从城市、住区、建筑三个层面入手，创造可持续的绿色居住环境。

天津生态城绿色适老社区
Suitable Community for Elder in Tianjin Eco-city

人视

项目概况

项目位置：天津 · 滨海新区

设计规模：5.4 万平方米

设计内容：方案设计

透视图

天津生态城适老社区项目位于中新生态城南部片区中心。老年社区的绿色设计目标是寻找符合老年人特点的技术措施——通过零成本或低成本的技术集成创造低成本的绿色健康住区。如规划布局鼓励老人使用公共交通，注重步行道的设计；增加符合老年人需求的服务配套设施；树种的选择注重吸收有害物质，提升空气质量，景观符合健康安全的特点；通过规划、建筑、景观的模拟使住区噪声环境，风环境和日照环境更适合老年人居住——提供安静的住区声环境，在冬季有更好的微风环境以及使公共景观绿地空间位于阳光中。

生态城中的老年社区探索健康、绿色、生态，为老年人提供一个颐养天年的居住社区。

中新天津生态城生星住宅项目

Shengxing Residential Project in Sino-singapore Tianjin Eco-

鸟瞰

人视图

项目概况

项目位置： 天津 · 滨海新区
建设单位： 天津生态城生星房地产开发有限公司
设计规模： 10.3 万平方米
设计内容： 修建性详细规划设计，方案设计，施工图设计

鸟瞰图

生星住宅项目是生态城合资公司与韩国三星集团共同投资，希望与三星的绿色智能化家居技术相结合，探讨新型的生态居住模式的住宅项目，由天友与韩国 SAMOO 公司合作进行规划与建筑设计，将韩国居住模式和户型与中国的居住习惯和气候相结合。

规划采用了“绿流和园”的设计理念，创造绿色流动环绕、聚合人和的 “桃花源”。在中心区域设计一条环形的绿色漫步空间，与慢行系统形成了更加开放的空间系统。社区公共服务设施及下沉广场均布置于慢行系统两侧，将会为居住者创造一个更加开放、便捷的社区服务空间。

针对“生态城绿色建筑金奖”的绿色建筑目标，项目中采用了大量的绿色技术，如高保温性能的围护体系——采用了双银 LOW-E 充氩气的单框双玻断桥铝合金外门窗；配套公建中模块式的垂直绿化墙面；景观水的循环处理系统；室内自动监测空气质量的负压式新风系统；内装修材料具有蓄能、调湿的功能等等。可再生能源采用屋顶集中式与户式垂直太阳能集热板相结合，未来的住宅使用能耗比传统的三步节能住宅还要低 30%。

KOZIN 社区
KOZIN Neighbourhood

透视

项目概况

项目用途：包括 2000 套别墅单元，2 个幼儿园，1440 平方米商业空间，250 平方米医疗设施，427 平方米健身设施，1 个消防队，1 家警察局，1 座电影院

委托人：Volodas LLC

项目位置：乌克兰 · 基辅

占地面积：23 公顷

总建筑面积：217883 平方米

主要合伙人：Hiroki Matsuura, Rients Dijkstra

项目负责人：Arjan Scheer

团队成员：Anna Borzyszkowska, Larraine Henning, Klaas Hofman, Rene Sangers, Harm te Velde

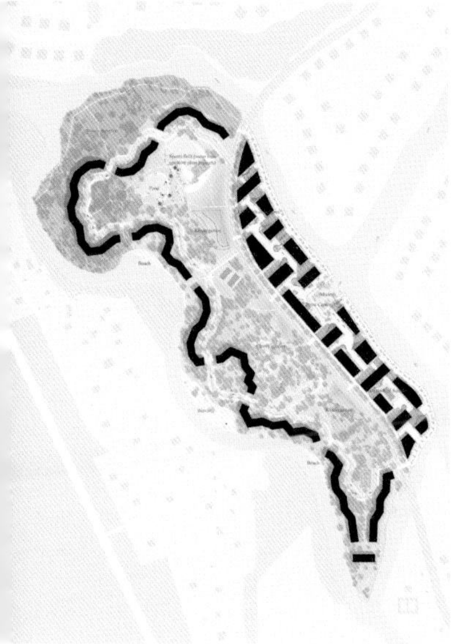

总平面示意图

透视图

Kozin 是基辅市的一个社区，位于距市中心以南20 千米的第聂伯河河畔，社区定位于服务乌克兰高端人群，是基辅市周边最昂贵的郊区别墅区之一。项目占地面积 23 公顷，周围环绕着流向第聂伯河的小河、溪流，业主要求 Maxwan 设计团队至少在此建立 2000 套住宅。Maxwan 在限高之内规划了独特的交界面而获得成功，它保证和加强了这一地区自然环境的良性维护。

场地边界

项目占地 25 公顷。其中可用于建筑的面积有 22 公顷，保护了项目北部的自然保护区。

组织结构

主路将开发区分成了两个片区。每个片区都将有其自身的特点；道路以西的地区是围绕公园的居住区，道路以东的区域是滨水居住区。围绕公园建设的住宅区沿着蜿蜒的河流铺设了步行道路。

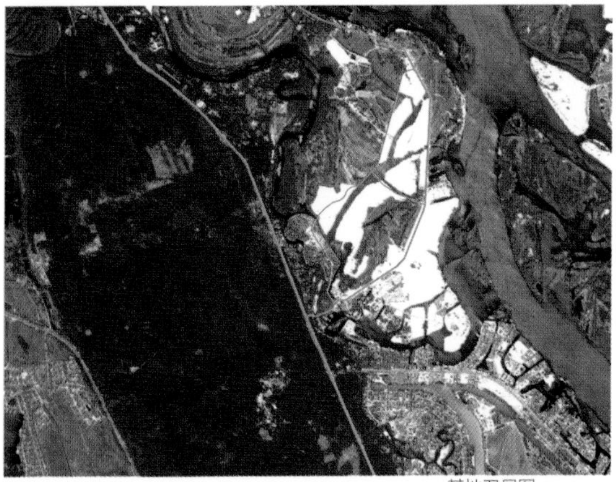
基地卫星图

建设地点本身有着优良的自然环境，Maxwan 设计团队的态度是通过一个环形策略加强该地区的城市环境的自然属性。规划设计人员在内部的自然环境不被开发破坏的，同时为其边缘地区赋予更多的都市特色，这就创造了一个将自然环境围合其中的近似于蛇形的地区。

这一蛇形区域通过住宅类型和建筑形制的多样化满足了城市景观富有变化的需求，也使得住区的居民构成更加多样化，从年轻人到退休人员，从一对夫妇到几世同堂的大家庭。这些住宅或建于坡地之上，拥有宽广的视野；或隐于树木之中，曲径通幽。

Maxwan 设计团队通过对地形的有效利用为不同的使用者服务，在规划区域内设置了大面积的公共空间，包括实用的城市生活空间和私密的自然区域囊括了河岸、运动场、儿童运动场、房屋院落、林荫道路、池塘、鲜花公园等各种类型。

基地卫星图

透视图

绿地结构

总体规划以项目中心保留的公园区域为特色。公园以场地既有景观为起始进行开发建设。依凭这个精心保留的公园，许多不同的构筑设施得以布置，如慢跑步道、游戏场、运动场和湖泊等。公园以北是一个自然保护区，树木尽可能地得以保留。沿着河岸布置了多种驳岸景观，公共交通和个人出行都有良好的可达性。在限高社区，每个住户都将拥有私人花园和露台，保证了住宅一定的私密性。在码头周围的城市村庄中设置了铺设绿地的公共庭园，此外还有私人花园，为公寓建筑提供了绿化。

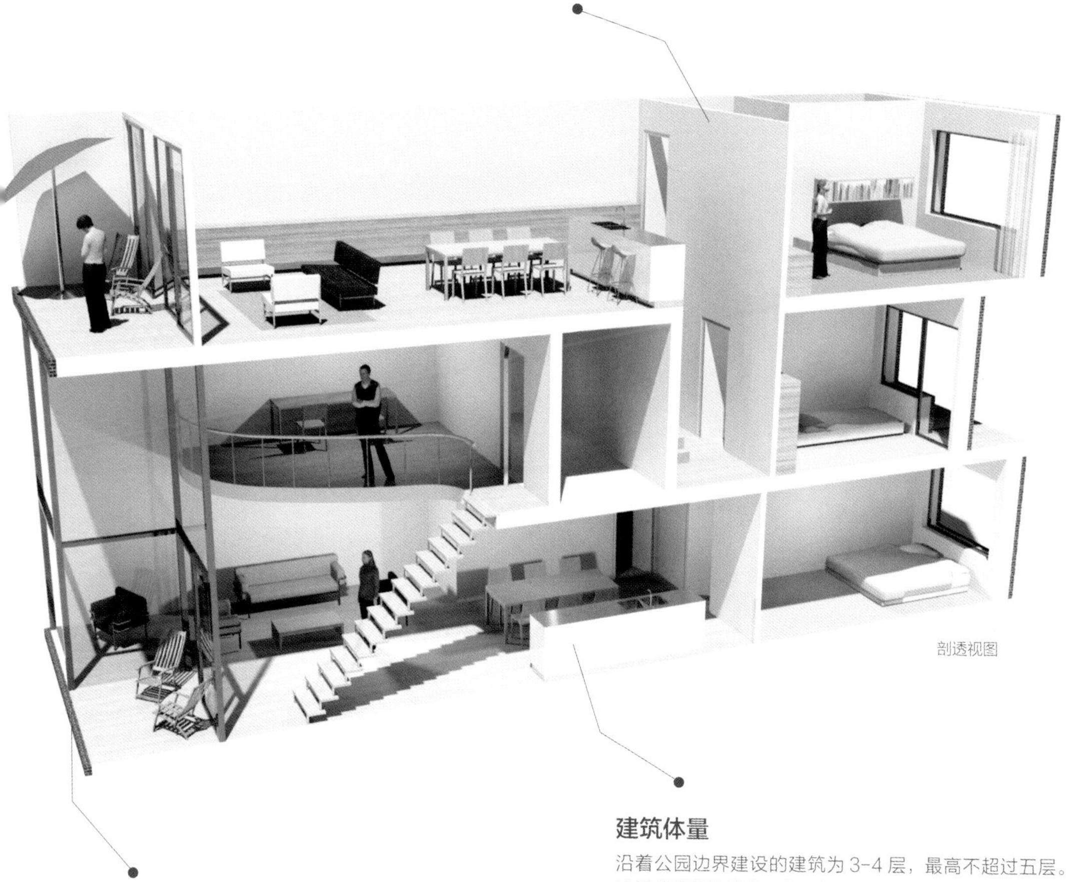

剖透视图

建筑体量

沿着公园边界建设的建筑为 3-4 层，最高不超过五层。这样就很好的维护了住区与周边环境的和谐关系。从滨水区域到东侧的中心道路区域平均最高层数为 7.7 层。居住区 54% 的住宅（114912 平方米）位于滨水区域，46%（97888 平方米）位于公园周边。

水系治理

项目用地周围设有人工堤坝，使之免受洪水冲击。公园区域的水位将得到严格监控。人工堤坝针对预测中的最高洪水水位进行设计，保证河岸安全。在人工堤坝中，设置了应用防水混凝土的停车区域。沿着滨水区域，建设有相同的防水防洪系统。形成了面积较大的停车区域。利用诸如混凝土车库以及硬质石块堤岸的工程结构，形成一个防洪系统。

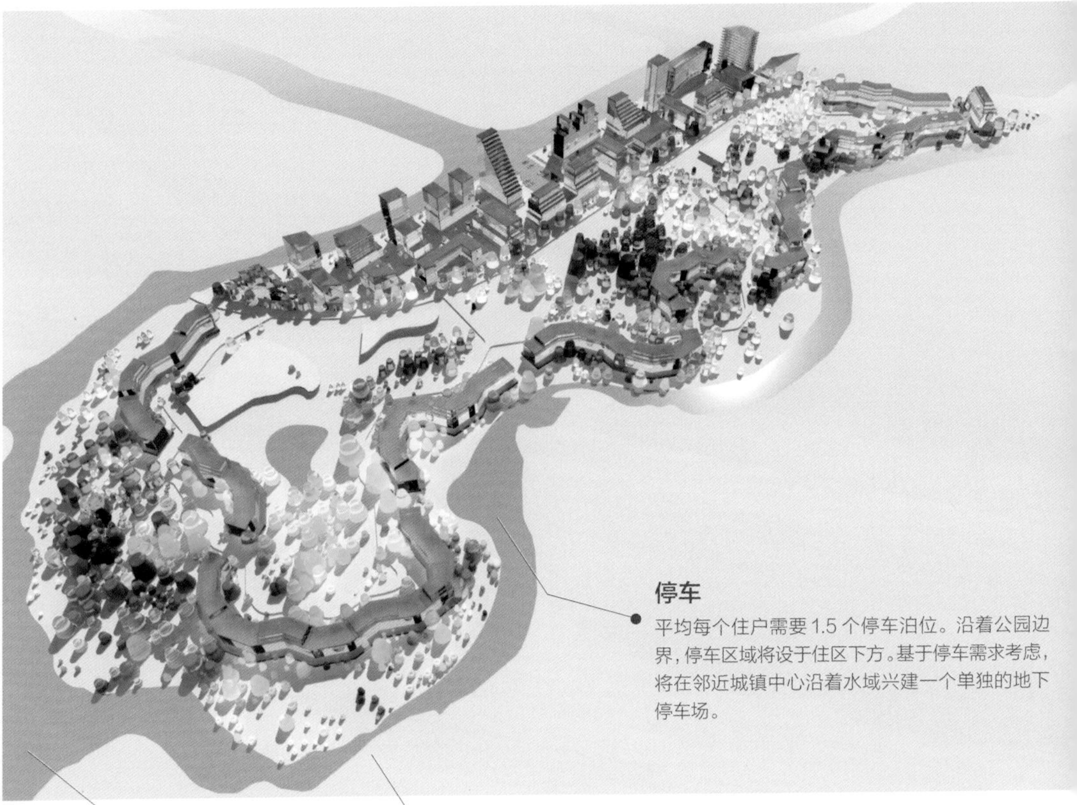

停车

平均每个住户需要 1.5 个停车泊位。沿着公园边界，停车区域将设于住区下方。基于停车需求考虑，将在邻近城镇中心沿着水域兴建一个单独的地下停车场。

规划布局

项目主要规划为居住区。公园中心区将建设两个幼儿园，利用周边所有自然环境的优势。在公园内将设置占地半公顷的水处理设备。在高密度开发区中心码头周围将建设一个带有附属设施的城镇中心，将设置直通主路的道路。

阶段

总体规划将工程设计为三阶段。第一阶段主要针对北部的区域。第二阶段是包括城镇中心公共项目在内的南部区域。最后一个阶段将包括东部水域。建设工程将首先从起始于中心并围绕场地的公路展开。从这条路开始，将建设第一层外围防洪结构。外围还将建造一条施工机动车所需的道路。最后，在此圈层的公园区域也将建成。这样，规划设计的总体效果，例如围绕公园居住、营造亲水自然空间、将从开发项目的一开始就得以实现。

在第二阶段，稍低圈层的开发将以相同的次序展开。在第二阶段也将建设一个城镇中心，为整个项目范围提供基础设施服务。在最后一个阶段，滨水区域将得到深度开发。

人视图

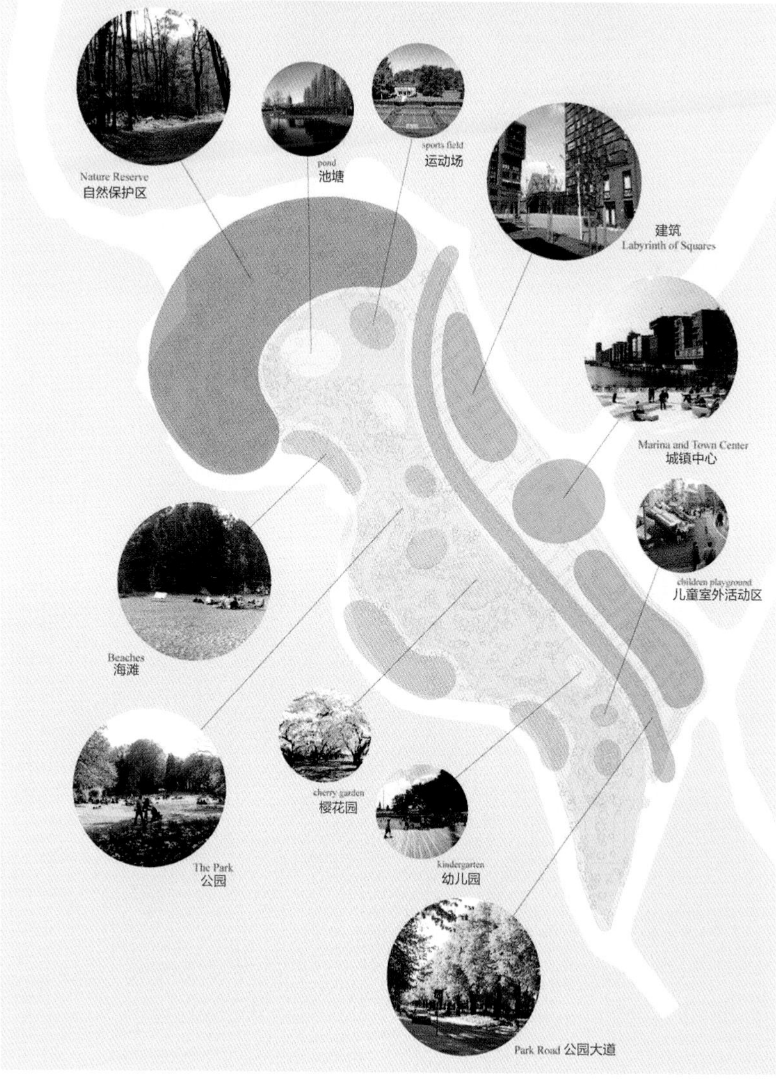
Nature Reserve
自然保护区
pond
池塘
sports field
运动场
建筑
Labyrinth of Squares
Marina and Town Center
城镇中心
children playground
儿童室外活动区
Beaches
海滩
cherry garden
樱花园
The Park
公园
kindergarten
幼儿园
Park Road 公园大道

功能分区图

模

场地剖面示意

手绘透视图

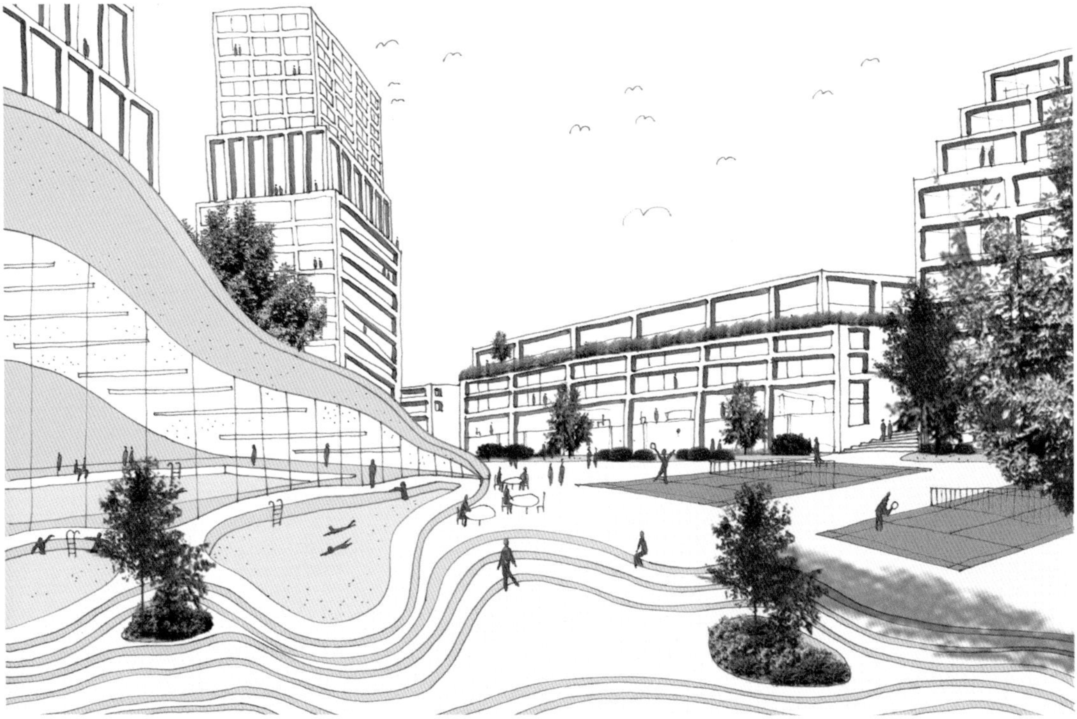

手绘透视图

邻水生活——大巴黎洪泛区可持续住区
Urban Waterfront-Ecodistrict in Flood-stricken Are

透视图

项目概况

项目地址：法国 · 巴黎

建筑师：姜元，徐洋

设计时间：2011

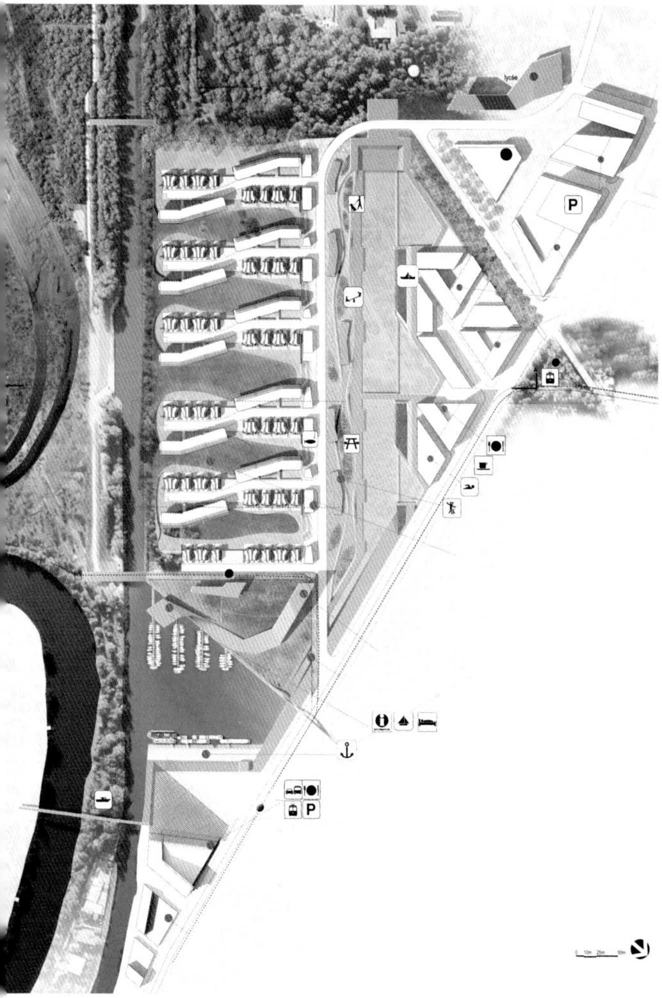

总平面图

鸟瞰图

项目位于巴黎市区东部，是政府大巴黎计划中实现可持续城市模式的一个局部研究案例，内容包括更有效的交通，更优质的生活，更广泛的文化影响力及有竞争力的经济模式等。

邻水城市生活

方案通过从规划到建筑单体不同尺度的整体设计，对现存自然植被及水环境进行选择性保留及处理，针对性的建筑设计，尤其是对基地交通系统的高度设计，涨水所影响的区域与湿地景观设计结合，使该区域在安全使用不受水位变化影响的同时保留其储水功能。使“水”这一元素，成为不影响生活活动的可随季节丰富变化的景观系统的一部分。使其从功能上的消极元素变为景观系统中的积极元素，从而实现在自然环境中高密度、多样性的居住，并可提供商业及公共设施服务的可持续住区。

Cluster

组团

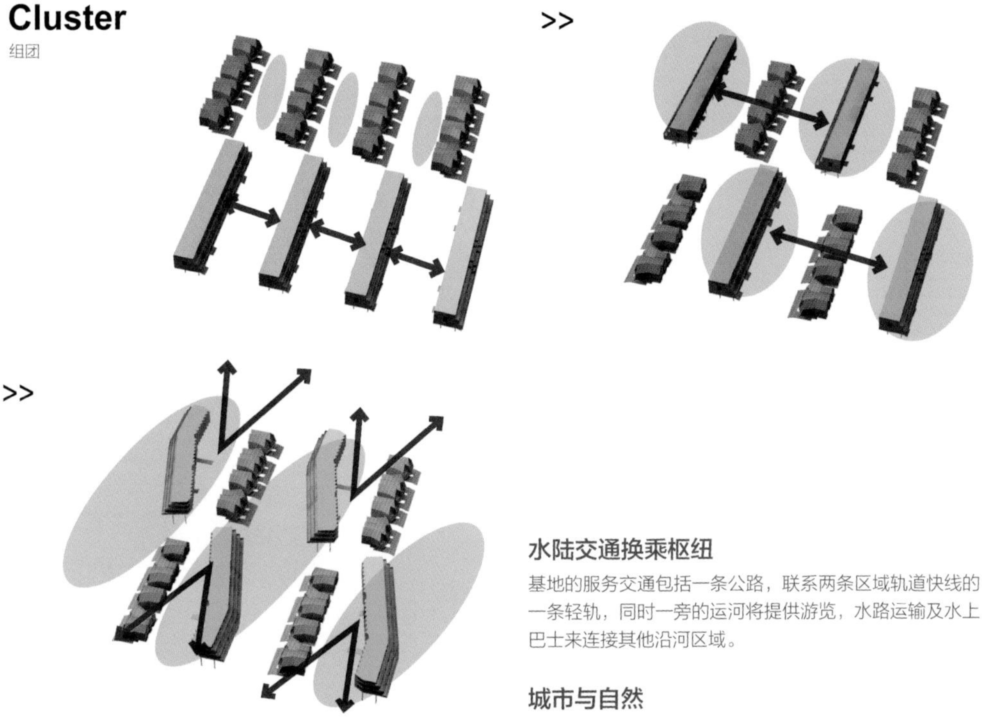

组团分析图

水陆交通换乘枢纽

基地的服务交通包括一条公路，联系两条区域轨道快线的一条轻轨，同时一旁的运河将提供游览，水路运输及水上巴士来连接其他沿河区域。

城市与自然

邻水区的修建中，其中开阔的码头，邻水的城市公共空间及服务设施，通过开放视觉可达性，将曾经被封闭无法体现其自身景观及环境价值的湿地景观，重新展现给整个城市，主动地将水作为整体设计中的主要构成元素，发挥水的景观环境价值，创造此区域的“邻水特质”。

透视图

透视图

基地照片

区域经济

有活力的经济及其带来的就业机会，是一个住区可持续发展良性运转的重要组成部分，基地现存的水路两种便利运输，以及将开通的公共轨道交通所提供的人流，都为形成有特色的经济可持续发展形态创造了条件，在此前提下及地上的商业活动可以是可持续发展方面对交通运输有特殊要求的行业，比如生态建材，设备研究方面的内容。

一个可持续住区的建立，不是只为创造一个众不同的小区域环境，更是为了通过一个个局部的可持续住区的实践、探索、积累，最终带动整个城市达成可持续发展的目标。

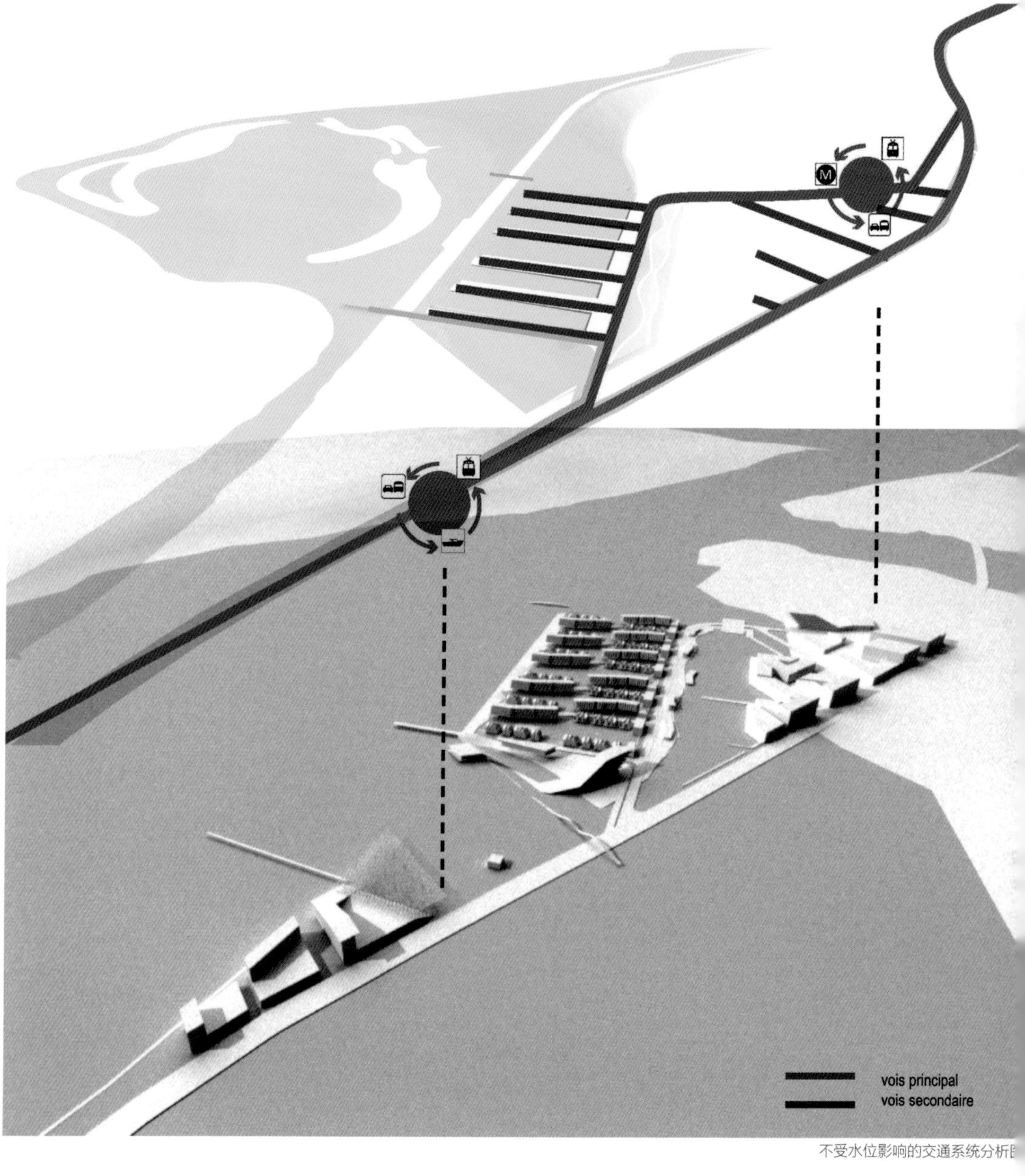

不受水位影响的交通系统分析图

基地处于洪泛区范围内，目前规范限定在此类区域内不能新建建筑物。我们试图通过针对性的研究，在安全的前提下，发觉这些介于城市与自然临界处，有独特优势但仍被荒废的基地的自身潜力，从而为这一类城市区域的开发利用提供一些策略。

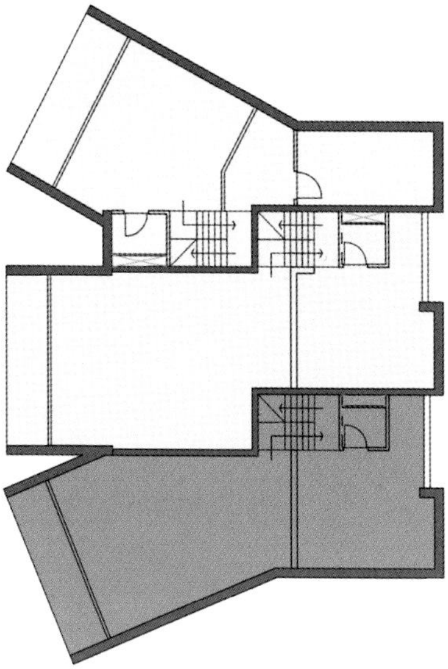

R+1

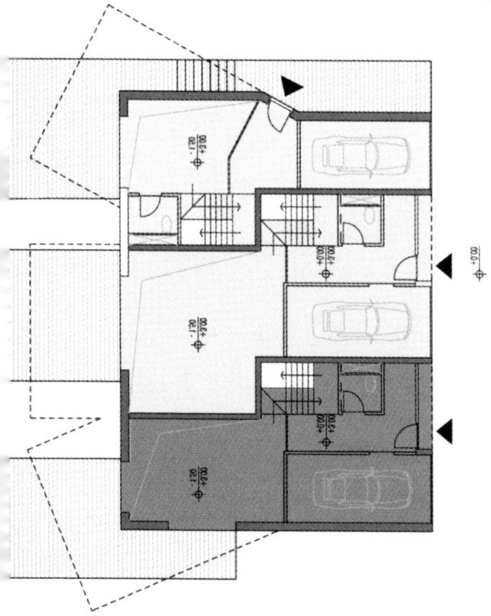

RDC
PLAN DE TYPE B 1/200E
户型分析图

RDC
PLAN DE TYPE B 1/200E
户型分析图

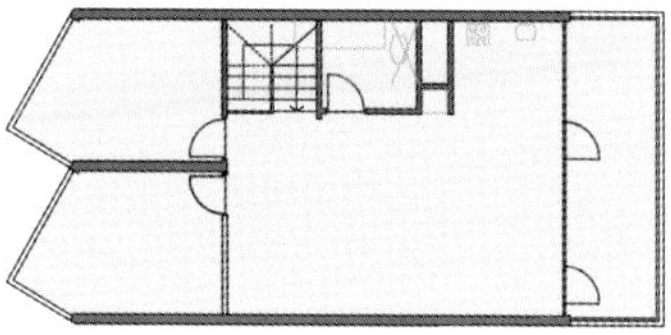

R+2

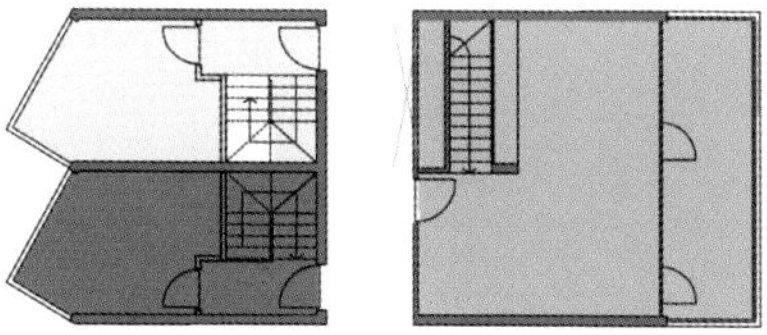

R+1

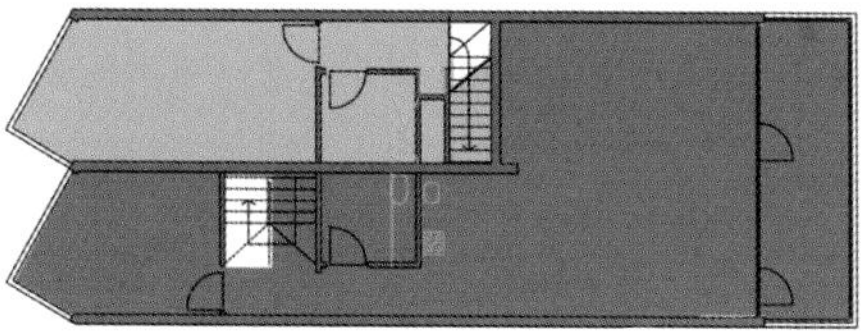

概念构成分析图

Hypothèses de transports en commun- schéma

Plan de prévention des risques d'inondation (carte des ALÉAS)

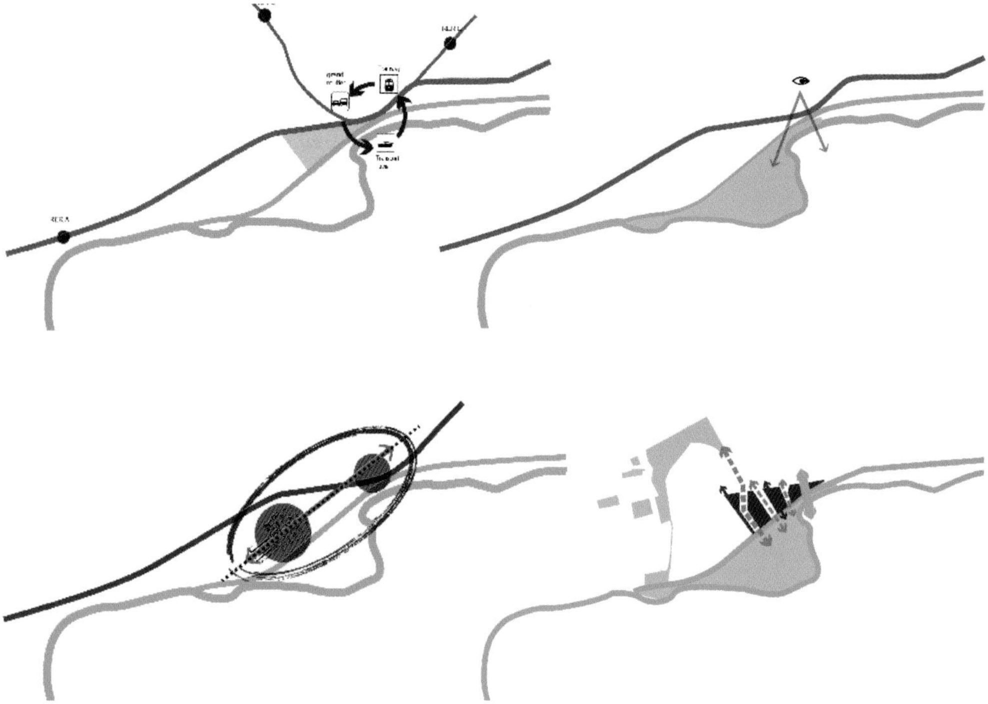

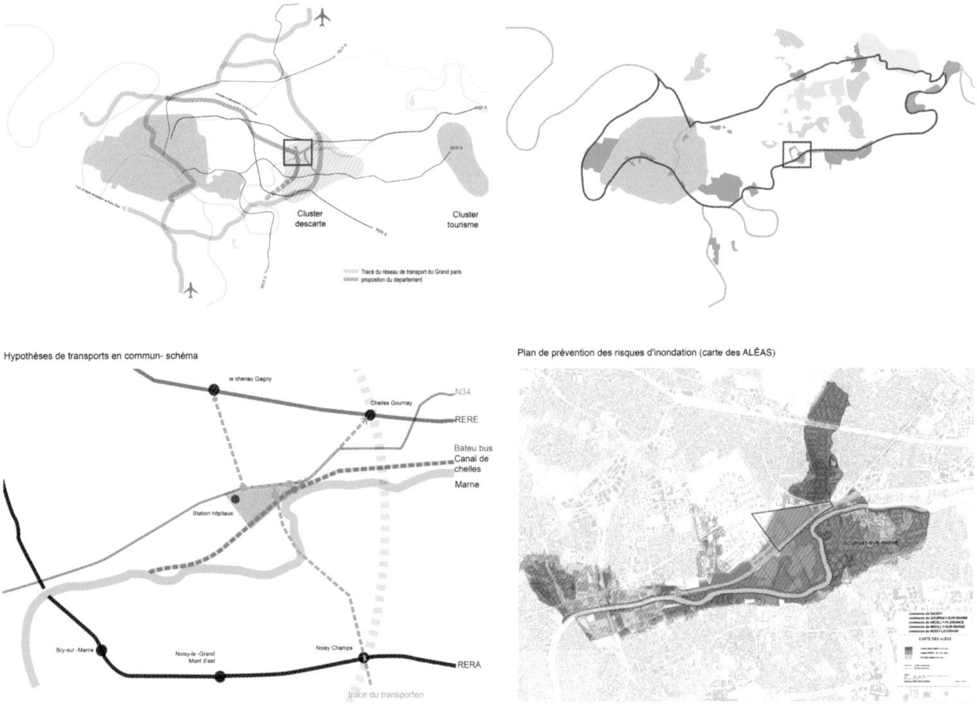

基地背景分析图

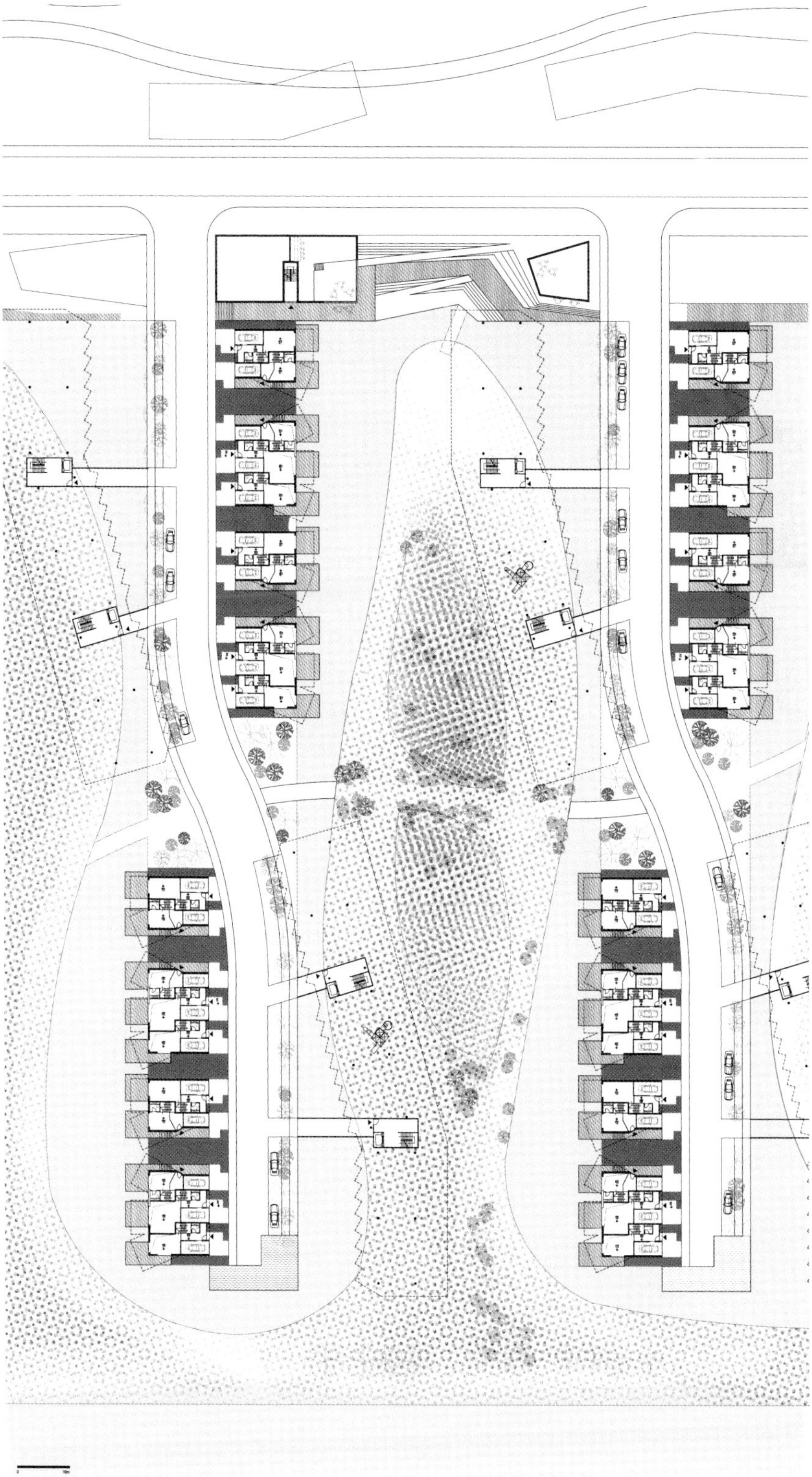

组团平面图

BAGSVAERD 园区总体规划
Bagsvaerd Park Master Plan

透视

项目概况

项目位置：丹麦 · 格拉德萨克斯 · grusgraven
客户：格莱萨克瑟自治市
建筑设计：C. F. Møller 建筑师事务所
景观设计：C. F. Møler 建筑师事务所
工程设计：丹麦公路局——交通和环境规划
其他合作者：Plan & Proces- 全程顾问
规模：10 公顷，占地面积 230000 平方米
设计时间：2009
图片提供：C. F. Møler 建筑师事务所

透视图

人污染的工业场地到新的、现代的和可持续的居住区的总体规划。该规划是突破前任和现任所遗留的现状和局限性去创造一个明日城市。该设计表明，昨天的垃圾填埋场和今天的日渐减少的工业厂区，可以成为现代可持续城镇的一部分。

BAGSVÆRD

透视图

透视图

该基地的先决条件，地理位置，历史的痕迹，分散股权和目前的状态是总体规划的实际布局的基础。现有的品质被提高，潜在的风险转化为优势，以确保项目保持社会性、经济性和环境可持续性能在一个不确定的时间内长期实施。

通过创建“蓝色的城镇广场”——城市湿地空间，使垃圾填埋场变成了一个处理和净化地表径流的积极资产。复杂的股权结构和马赛克式的区域划分造成了生动有趣的城市肌理。新的自行车道和步行道的连接，使市民拥有更好的城市空间，并能更快的访问周边自然保护区。

该规划的总体目标是轻松地将非正式的、绿色的郊区生活方式和高密度、充满动态的都市空间进行整合。在区域规划后面的附加原则，用一种直接简单的方法将旧的和新的、高增长和低增长、住宅或商业、私人或公共的整合在一起，从而产生实用的多样性。

透视图

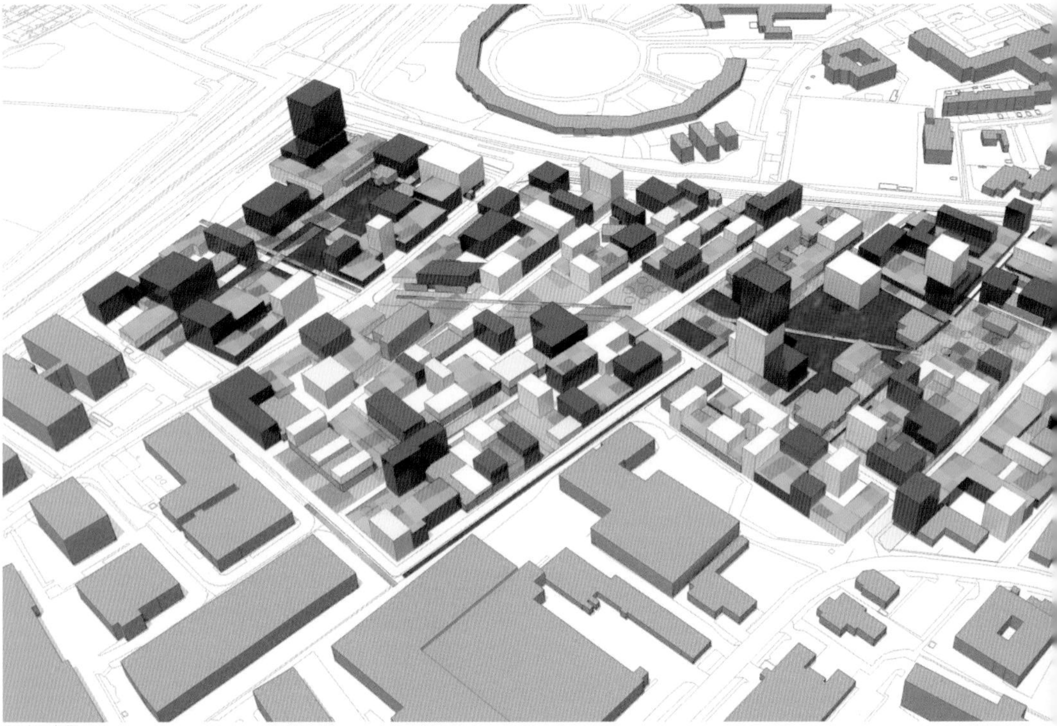

鸟瞰示意图

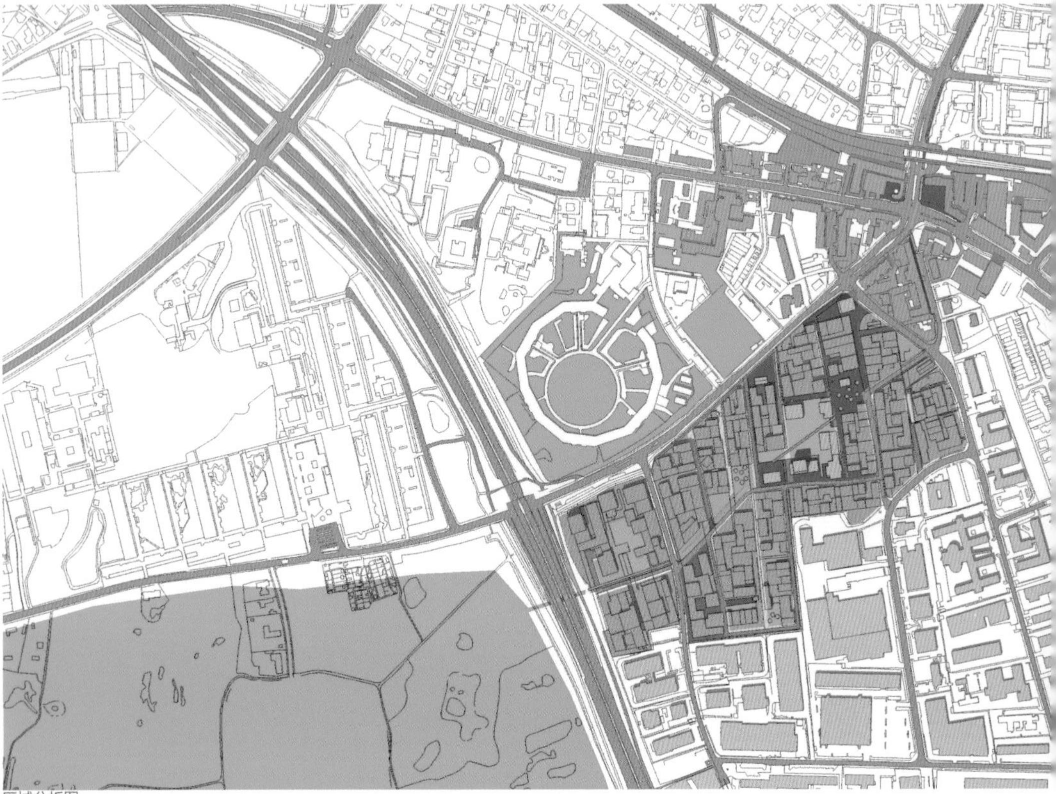

区域分析图

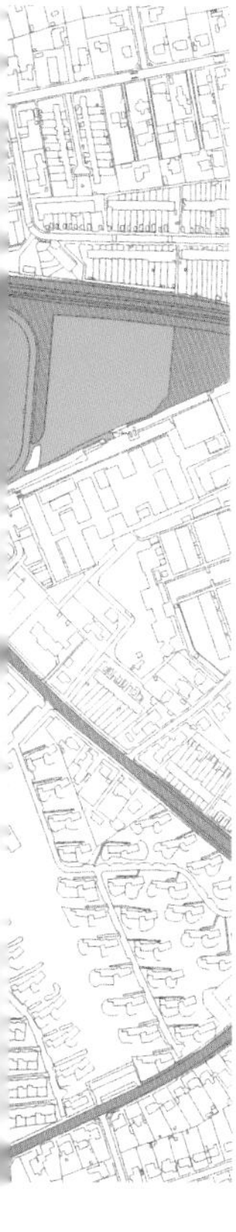

建筑剖面分析图

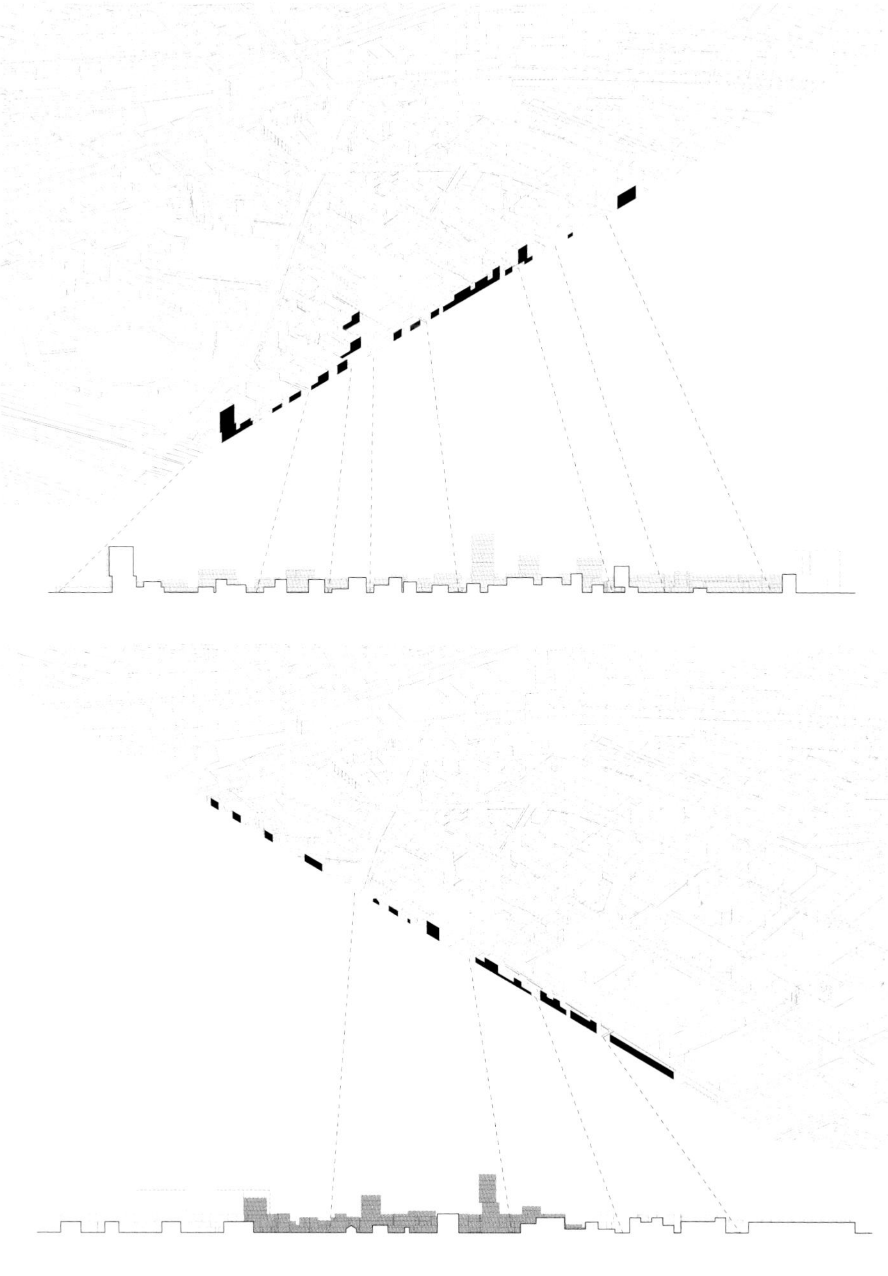

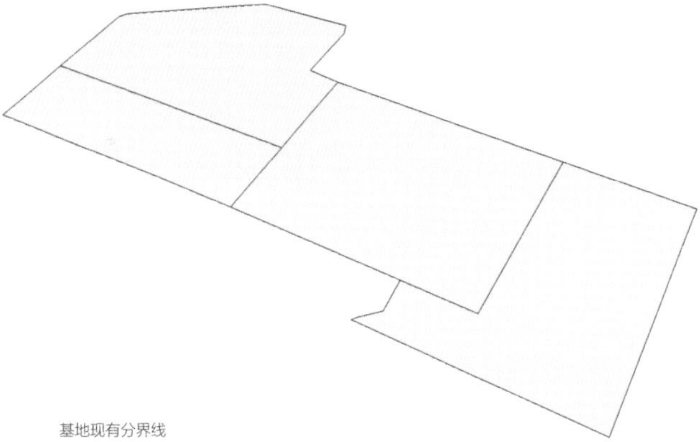

基地现有分界线

EXISTING PLOT DIVISIONS

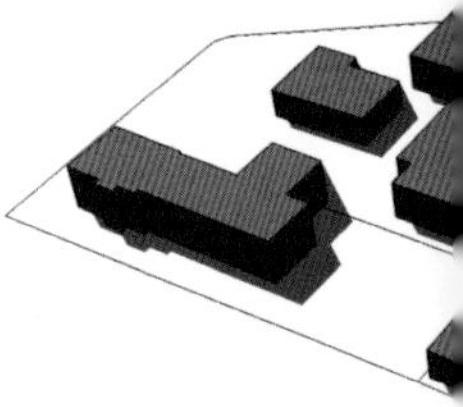

基地现有建筑体块

EXISTING B

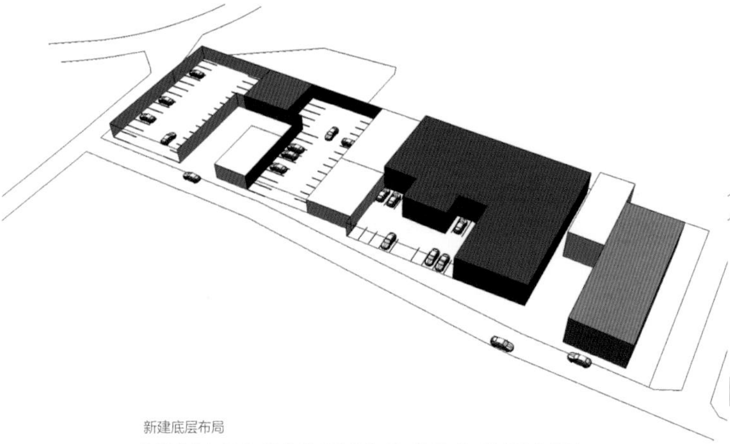

新建底层布局

NEW GROUNDFLOOR LAYOUT

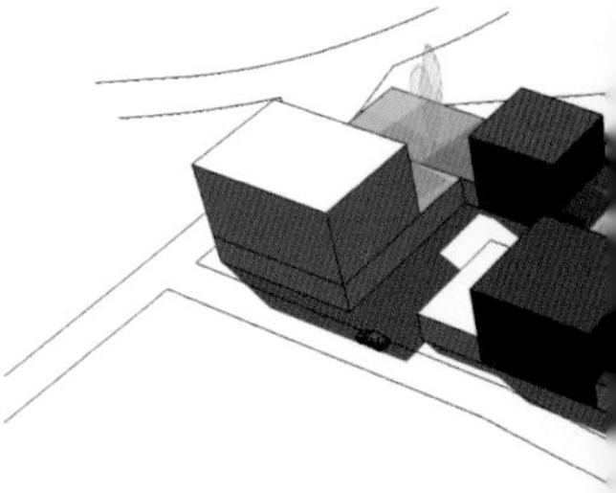

多样化体块选择

VARIOUS M.

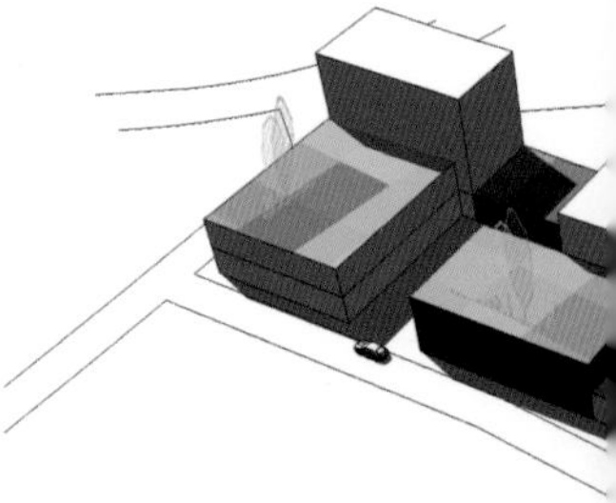

多样化体块选择

VARIOUS M.

设计过程图

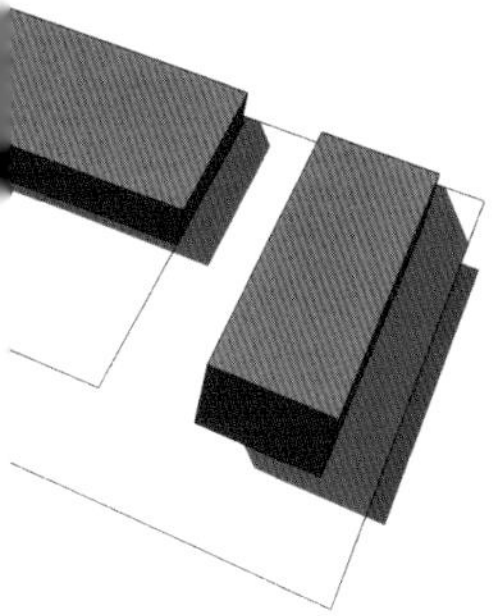

ASS

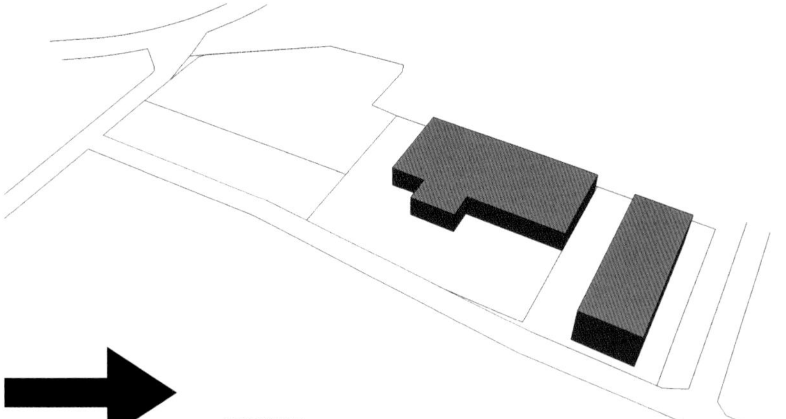

保留建筑体块

RETAINED BUILDING MASS

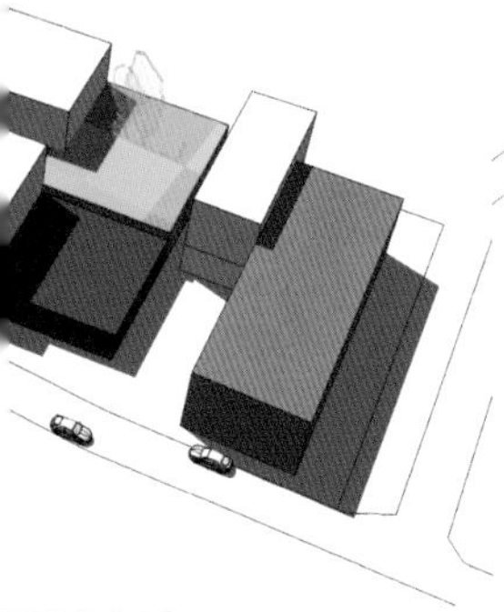

TIONS

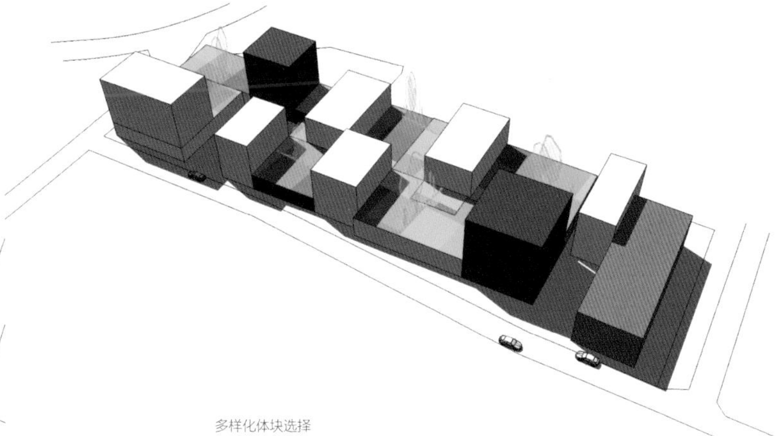

多样化体块选择

VARIOUS MASSING OPTIONS

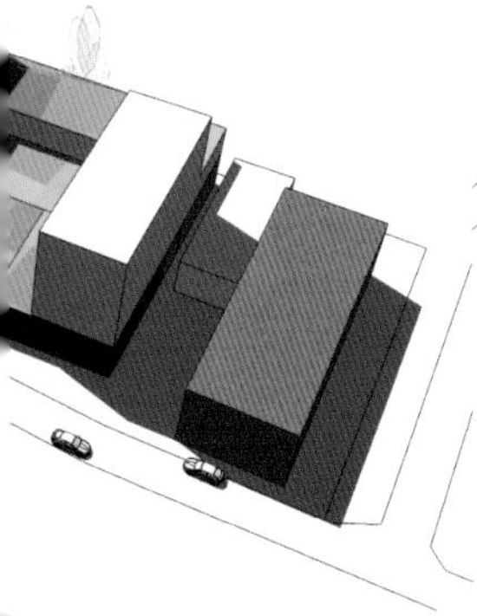

TIONS

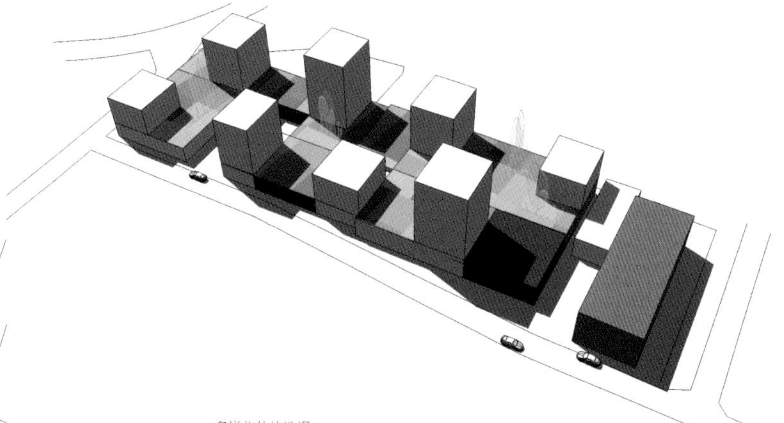

多样化体块选择

VARIOUS MASSING OPTIONS

透视图

Bagsværd
novo nordisk
novo nordisk

透视图

Motorway
高速路
Foot & cycle bridge
人行 / 自行车道

广场
Plaza
Shops & cafes
商店 / 咖啡厅
Roof terraces
屋顶露台
Main road/
public transport
主干道 / 公共交通
主干道 / 公共交通
Main road/
public transport
Commercial centre
商业中心
Pocket park
街心花园
Plaza
广场
Shops & cafes
商店 / 咖啡厅
Mix-use / housing
混合用途住宅
"Blue town square"
Urban wetland
"蓝色广场"
城市湿地
Shops & cafes
商店 / 咖啡厅
Roof terraces
屋顶露台
Roof terraces
屋顶露台
Plaza
广场
Mix-use / housing
混合用途住宅
Mix-use / housing
混合用途住宅
Pocket park
街心花园
Foot & cycle tracks
人行 / 自行车车道
Roof terraces
屋顶露台
Pocket park
Main road/
public transport
主干道 / 公共交通
混合用途住宅
Mix-use / housing
Pocket park
Roof terraces
屋顶露台

总平面图

南维比——再生总体规划
Viby South-Regeneration Master Plan

透视

项目概况

客户：alboa 住房协会，Aarhus omegn 住房协会，Aarhus 自治市
项目位置：丹麦 · 奥胡斯 · 维比
建筑设计：C. F. Møller 建筑师事务所
景观设计：C. F. Møller 建筑师事务所
工程设计：NIRAS
合作者：NIRAS 顾问（居民参与），ÅF Hansen & Henneberg（灯光设计）
面积：200 平方米（约）
设计时间：2010-2011
获奖：社区中心竞赛一等奖

透视图

在 Aarhus（奥胡斯）的 Viby（维比）以南地区，社会问题一直备受挑战，至今有四分之一的社区将要转化成有吸引力的、社会性的和环境可持续发展的居住区。这些地区包括 Rosenhøj, Kjærslund 和 Søndervangen，几所学校和一个小型商业中心等房地产项目。特别是最大的地产项目 rosenhøJ，遭受到和二十世纪 60 年代和 70 年代的社会住房计划相关问题的影响：和环境的有限接触，大片未明确的景观，单调和低级的建筑缺乏可识别性，过时的公寓布局带来有限的日照和不适合残疾人的过小的房间等问题。

透视图

总体规划

再生总体规划包括引进新的交通连接、教育、工作场所和一个新的社区中心等战略举措，对现有建筑和景观的物理改变，以及在社会交际和高程度的居民参与等方面的转换过程。该规划是通过引入一个全新的有层次的空间来应对目前居住区的单调枯燥，并重新定义社区内居民的行动方式。三个新的轴线在项目中交错，并对环境开放。新的斜向的轴线提供可供选择的路线和最便捷的方式进入当前严谨垂直的小道，三个焦点在这里被创造：一个社区中心，一个中央水空间和一个重新设计的跨越南边环路的人行天桥。

透视图

这些新的焦点，以及其他重要的场所，如火车站、购物中心和体育场，成为自然的有社会吸引力的场所和目的地，这些地方构成了规划空间等级的第一层面。这些焦点帮助重新定义了地产在小范围内一系列确切的社区的均匀性，使居民能识别和感受自己特定的居住地点。

沿着现有的小型购物中心，一个新的城市广场被设计成为一个“城市大厅”，它延伸并连接位于维比南部的三个居住区。该大道上建筑的焦点，比如广场，都将成为新的社区中心。在本区域内，改造后的商业中心和一个新的办公大楼将提供 100 个公共或私人的工作场所。

广场从环路的一端通向 Søndervangen 学校，学校的一部分将转变为社区中心。另外在这里，充满雕塑感的楼梯和坡道所构成的空间，可以用作特殊情况下的户外舞台。彩色覆盖物和柔软的表面，创造出一个吸引人的、好玩的空间，环路紧密连接现有的和新的体育设施，包括一条沿着对角线的慢跑路线。

在环路上的人行天桥也成为在维比南部整体感的一个重要标志，并被建议铺满郁郁葱葱的白桦林，用以创造令人惊叹的视觉印象，并对路人而言非比寻常、引人注目。它将成为一个标志性的地标，一个宽敞道路两侧的居住区之间的“绿色握手”。

现有交通的分离和“死胡同”式的道路结构将被低速混合交通形成的中心内环和共享空间所取代。这里允许所有的交通方式，甚至汽车交通，用小广场和绿色公园来促进安全和积极的城市环境，鼓励居民和邻居之间的交流。新的交通布局允许停车位被分解成更小的单位，更靠近庭院，用以营造个人住宅的安全性和舒适性。

每个地块的北边被修改成两层高的开口，以确保一个从庭院到住宅入口欢迎性的实体和视觉联系。面向街道的两层半高的联排别墅可以进一步框架出和遮蔽庭院，从而在提高了整体密度的同时提高了邻里关系。

城市大厅立面图

透视图

景观设计

对 rosenhøJ 重新设计的目的是创造一个更加多元化、可持续和可控的景观特征，这将给所有居民提供更丰富的环境，并对周围的没有居住在本区的居民产生吸引力。以下几个层次的设计确保了这一计划的执行：一个新的种植计划的绿色方案，一个地表水处理的蓝色方案，一个重新设计和重新使用交通的黑色方案，一个连接城市广场的步行道和车行道的灰色方案。

绿色方案的提出应该从根本上改变当前均质的绿色草坪的景观，从单一栽培到“超自然”。这一举动不仅提高了区域的生物多样性，而且还可以节省维护和除草的成本。低矮的灌木和植物被完全移除，以创造更好的可见性，使保留的树木变得更加突出。

蓝色方案引入了一种全新的景观元素，提高了道路的可见性并改变了整个区域的外观。开放的排水系统，自然的沟槽、小池塘、湖泊和芦苇带，利用现有的轮廓线纵横交错。开放可见的地表水处理、清洁和过滤，增加了可持续性，可以帮助公众转变对周围环境的负面认知。

黑色和灰色的方案重新定义了基地内的交通布局，最大限度的利用现有道路和跑道。这样，即使交通模式被完全改变了，该方案仍然节省了大量的材料和能源。

由公园路内环所包围的公共空间有不同的形状和设计，可铺成聚会和活动的场所。同时路段、接近住宅的停车场和蓝色方案中的水元素共同形成一个整体。

Blok 11 niv. 0-1

住宅平面图

Blok 11 niv. 2-3

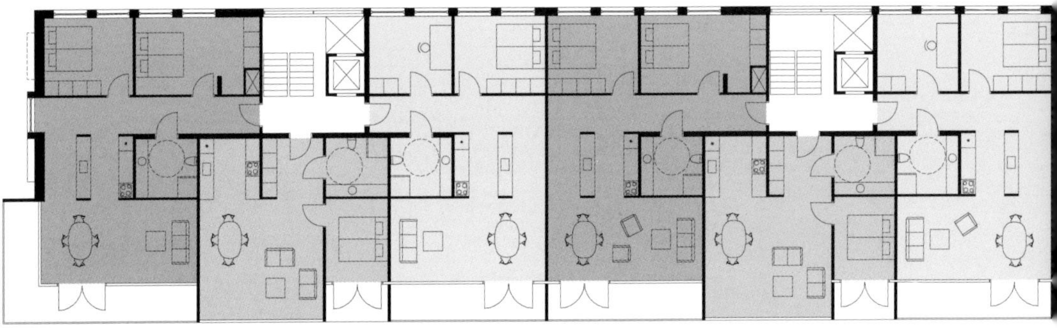

住宅平面图

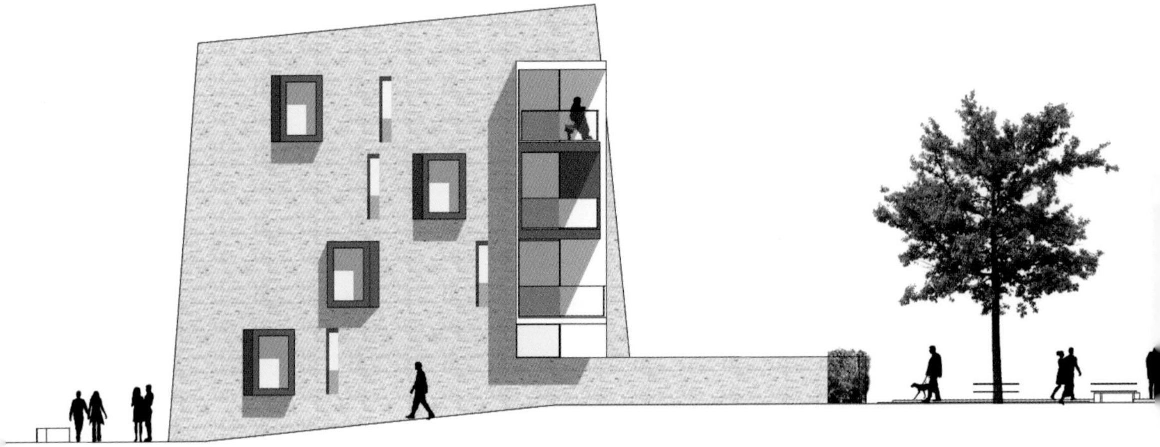

住宅体块立面图

新的社区中心

新社区的建成是为了改变当地学校 Søndervangsskolen 的布局，这就是今天建成建筑所围合而成的内向空间设计，为该地区的新的、结合学校和社区中心的集合。建筑设计因此变得更加的契合，用以激活现有的设施，而不是独善其身。

社区中心被设计成学校建筑前面的添加物，其特点是延续了学校的前山墙，并且在用拱廊所围合的室外空间处终止。玻璃幕墙正立面的延伸将是一个过渡区，连接学校和一个新的广场用以统一整个区域。

楼梯和坡道将带领游客来到入口，目前不能满足的无障碍要求，但将来不同水平的地面之间将创建一个平滑的过渡，并加以布置用于休息和各种其他活动的座位。楼梯和坡道环抱城市空间，并向东面对社区中心，同样面对三处居住小区和维比高中。

社区中心将有一个灵活的布局，提供不同种类的运动项目、语言课程、音乐会等。学校的整合、社区中心设施的建设和新的城市景观，使得围绕圆形时钟的建筑的能够得到最佳利用。活泼的建筑及景观强调透明度、健康和可访问性作为它的核心价值观。

在远离中心的住宅区中，Søndervangen 作为小的卫星建筑将被创建，以确保社会设施的平等。卫星城的设计，包括相同的特点：一个混合的公共广场和建筑，融入坡地景观作为社区中心的一个清晰可辨标识。

该建筑将符合低能级 2015，低能级 2015 是丹麦建筑规范，比先前的低能级 1 更加先进。

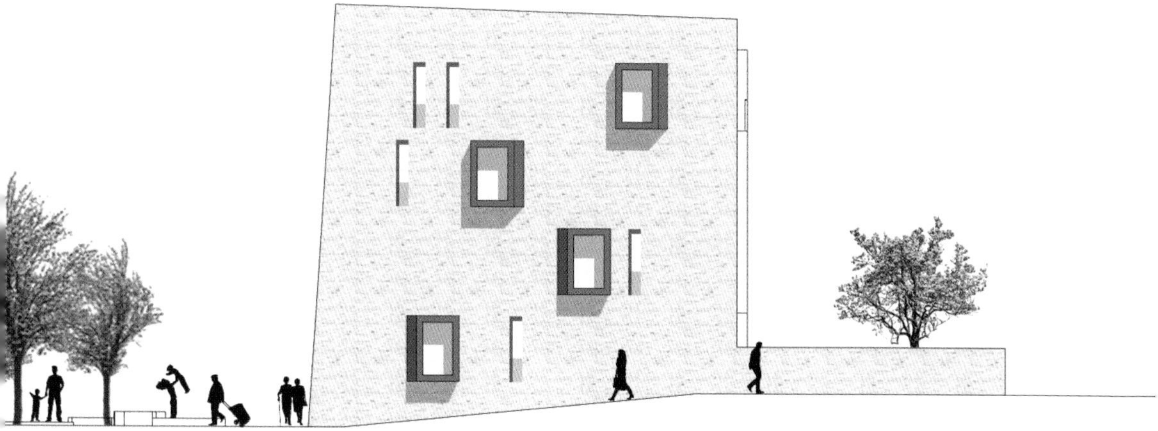

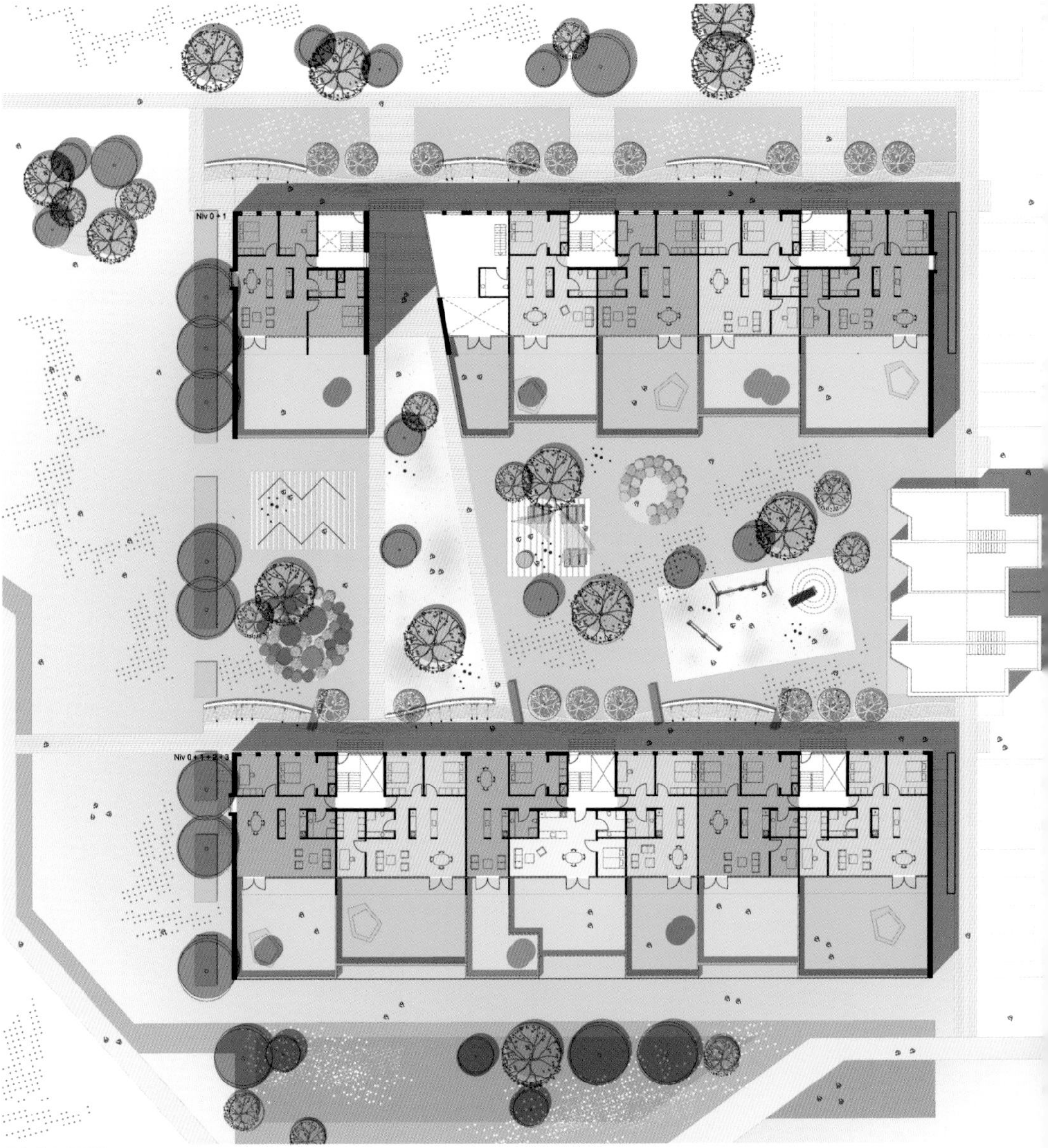

住宅底层平面图

总平面图

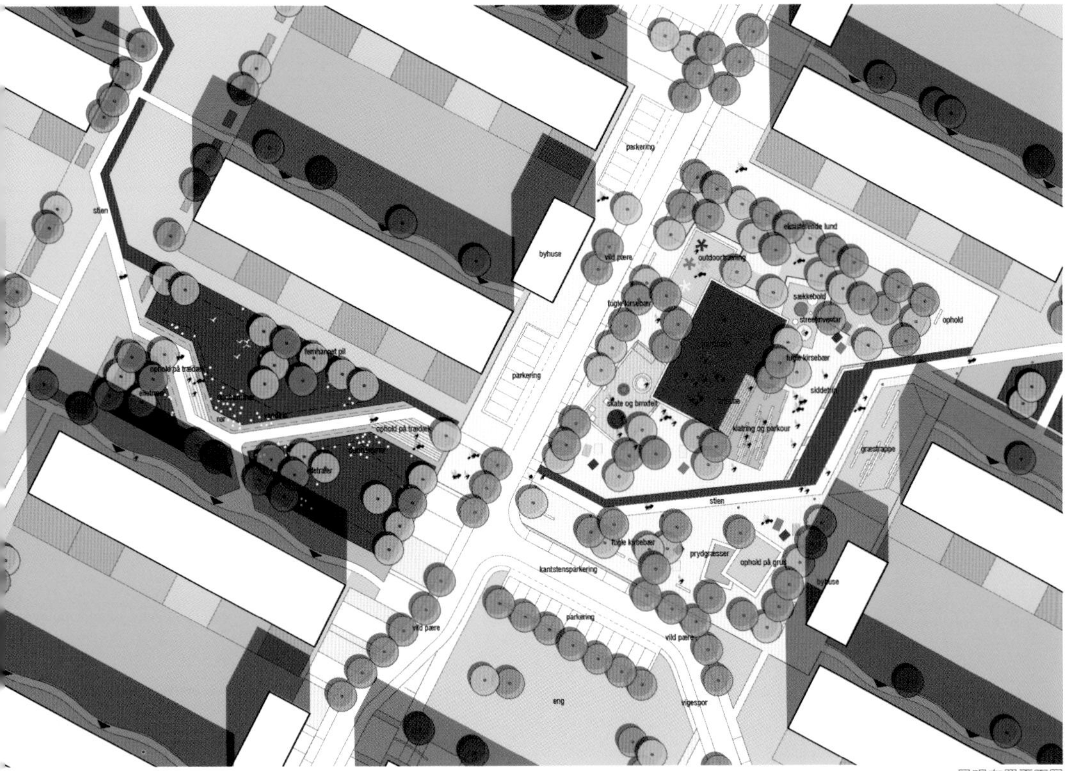

景观布置平面图

夜景鸟瞰

住宅小区设计

通过改变公寓的大小和布局，及对建筑进行技术升级，使其在能源节省上超过现行标准，这些对 rosenhøJ 现有 1970 年代的住房的重新设计和改造的措施，将使它们成为长期的吸引点和可持续住宅。同样重要的是其外观的转型：从一个单调的、破旧的低档材料，转变成丰富多彩的、持久的优质建筑材料。

为了使改变在一个可控的预算之内，一个平行系统被应用在每一个地块上，可根据地块的形态和内容进行单独转换，并提供每个级别升级到下一个更高级别的可能性。每个级别也明确标示出节能减排的水平：当前建筑规范要求过于宽泛，本设计是针

夜景透视

对下一代能源的目标，计划将减少每个建筑的能耗的百分之五十到七十五，这取决于级别的不同选择。
节能 1 级被定义为对建筑物做最低等级的必要的工作，包括一个全新的绿色屋顶和热能再生的节能通风系统。2 级在 1 级的基础上，对公寓进行翻新使其更现代和具有吸引力，还增加了太阳能电池和太阳能集热器。3 级在 2 级的基础上，再加上确保无障碍电梯的改造和其他类似的升级，以适应残疾居民的无障碍居住。
阶段性发展是指确保 rosenhøJ 在可控的预算内，得到至少 1 级的重新设计，并将选择性地翻新成 3 级，为未来发展提供模板。目前外在的变化是将建筑坐落在绿草坪上，使建筑与景观相得益彰。
现有的阳台混凝土板被去除，一个新立面被建立起来，来避免任何可能的冷桥。随后，增加的阳台、窗台和倾斜的绿色屋顶将创建一个生动的、适应性强的南立面。最后，以前的山墙是没有窗户的，现在由各种颜色的砖砌筑，并开窗用以创造更好的居住空间和俯瞰公共空间的视角。
对现有的和改建的公寓布局进行优化，使主要起居室面向西南，这样日光和被动太阳能能得到最佳利用，外部阳台在夏季能提供遮荫防止室内过热。同样，卧室是面向东北，这样也能优化我们的生活规律。

基地现状图

斯通海港住区规划
Harbour Stones

透视

项目概况

委托方： Norra Älvstranden Utveckling AB, PEAB and Stadsbyggnadskontoret in Gothenburg
设计方： C. F. Møller 设计师事务所
景观设计： C. F. Møller 设计师事务所
规模： 70000 平方米（约 400 套住宅）
项目位置： 瑞典 · 哥特堡 · 林德霍汶
获奖： 邀请竞标第一名

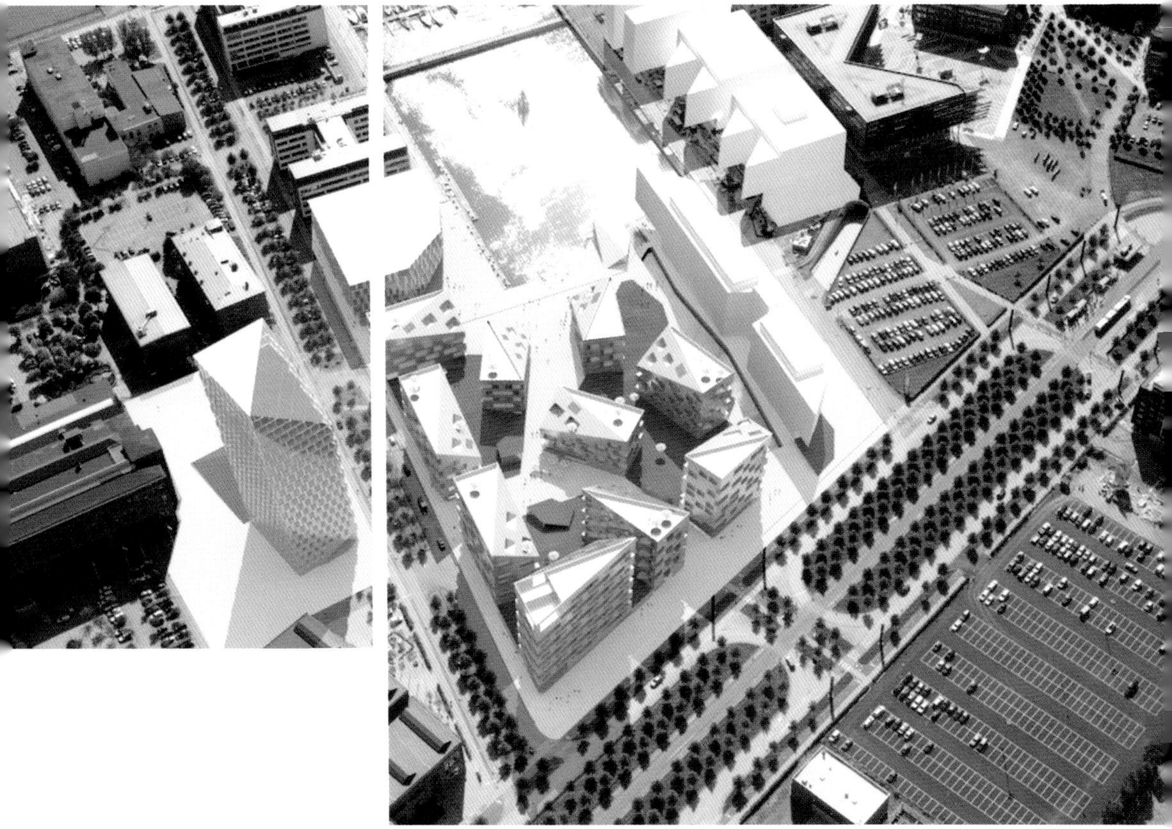

鸟瞰图

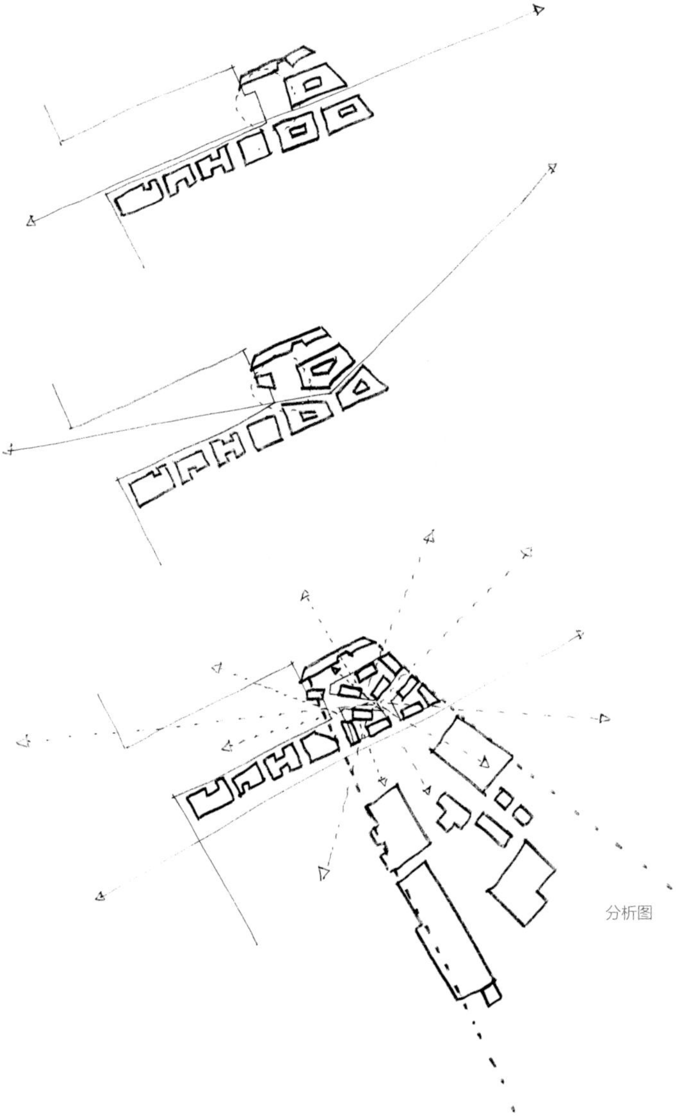

分析图

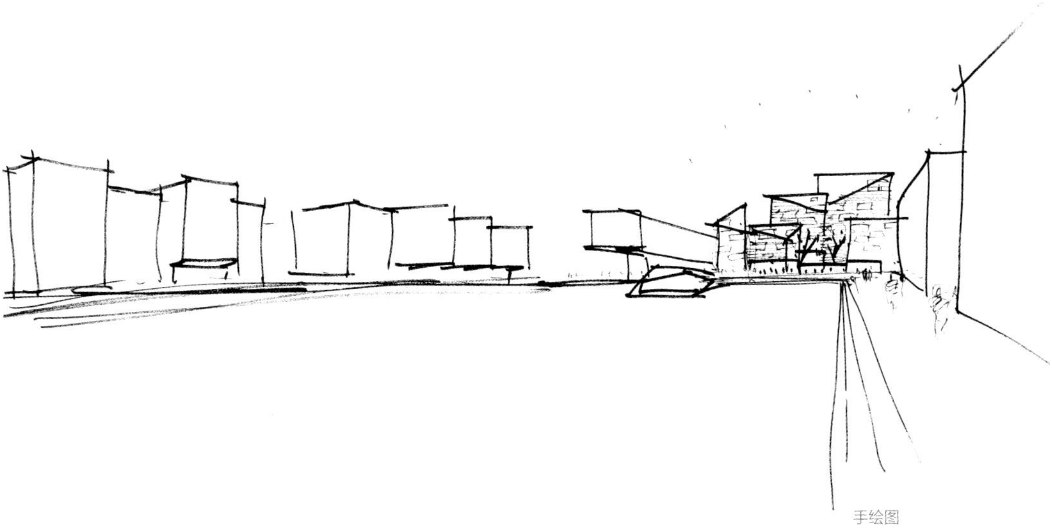

手绘图

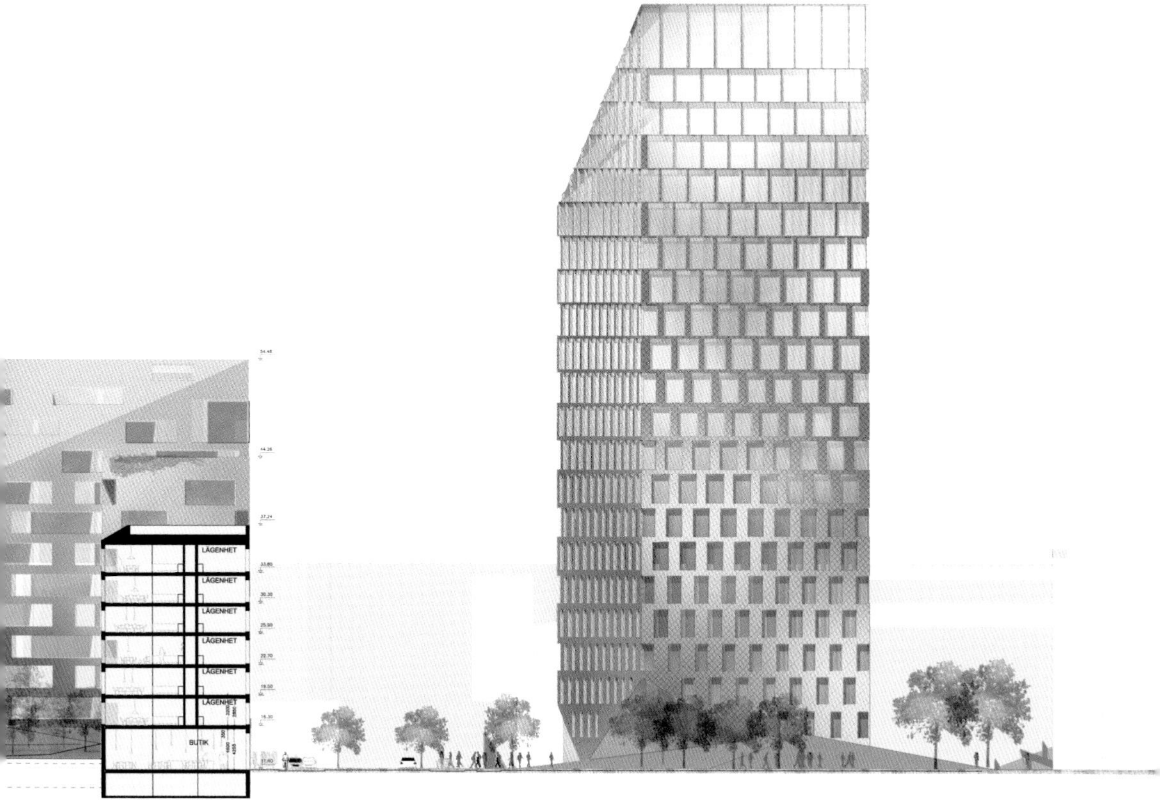
LÄGENHET
LÄGENHET
LÄGENHET
LÄGENHET
LÄGENHET
LÄGENHET
BUTIK

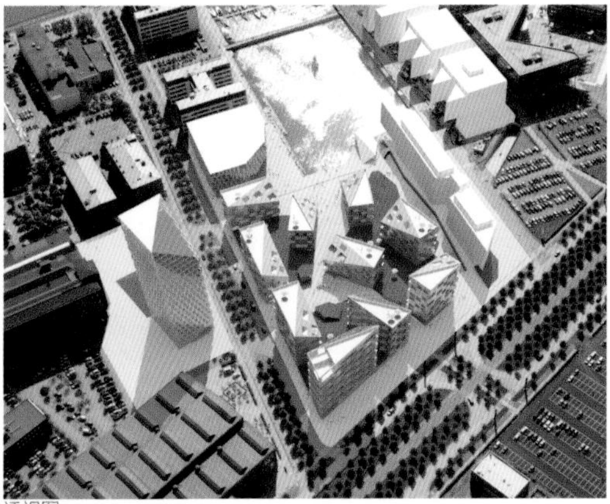

透视图

本项目规划任务是在瑞典哥特堡的林德霍汶旧工业港口为一个新的区进行总体规划设计。林德霍汶城区中遍布着先前遗留下来的工业筑和造船厂，如今该地区已经转变为大型商务行政区和开放式广场中地。总体规划设计方案引入宜居尺度和独特的建筑设计，集中关规划范围内的小规模城市空间，对建筑的位置、布局、和通透性进了精巧设置。规划方案中包括 10 座高度从四层到十层不等的具有塑感的建筑物，住区也因此命名为“斯通海港”。方案还包括一座约 22 层的大厦，建成后将跃升为该区域的显著地标建筑。住区内楼宇设计最大化地利用太阳光照和海港景色，建筑外立面使用循环收铝材，与本区域悠久的船舶制造历史相得益彰，突出了当地的区文化。朝向外部的的主要区域特点得以延续，同时，内部的新建区通过两条公共阶梯型通路连接，成为内部主要道路，并成为滨海沿的第三条景观阶梯。这样的设计营造了良好的微气候，日光充足的时对空间进行遮阳处理，海港景观尽收眼底，而且每户居民都有良的开放视野空间。

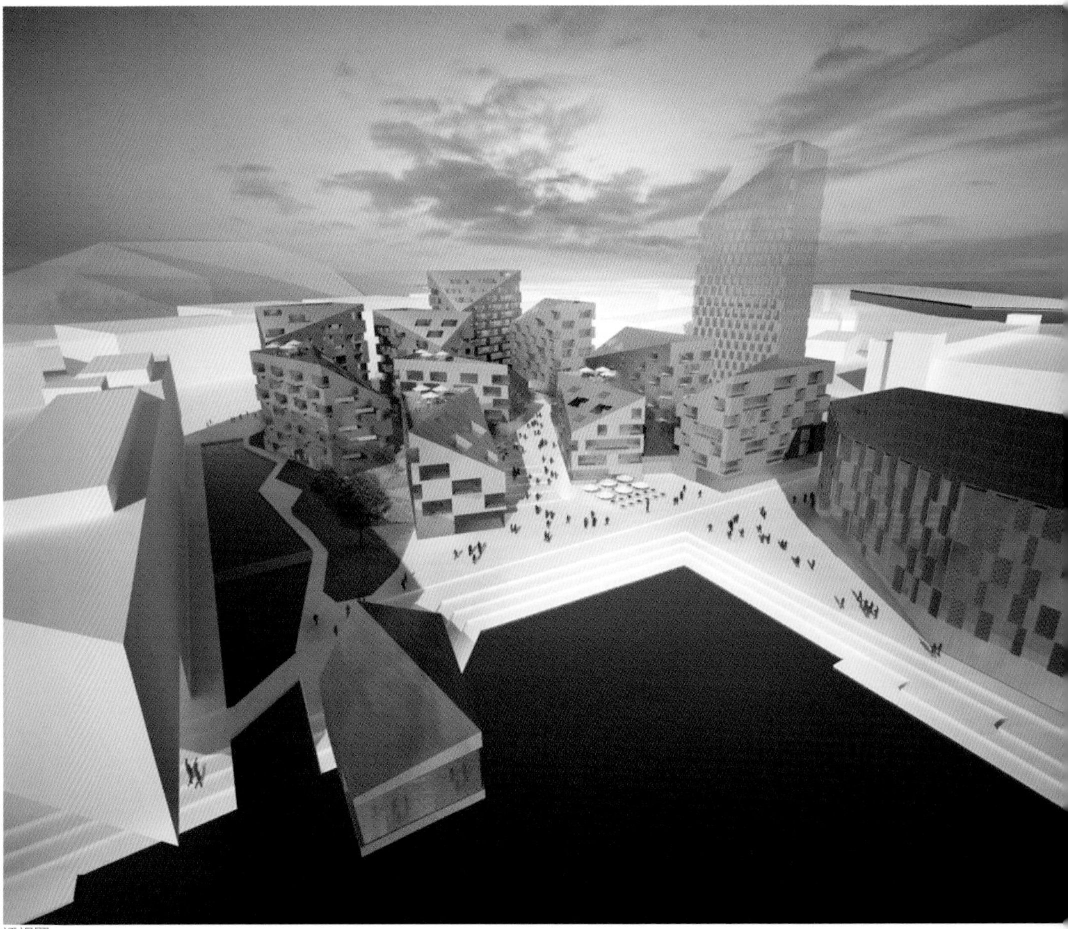

透视图

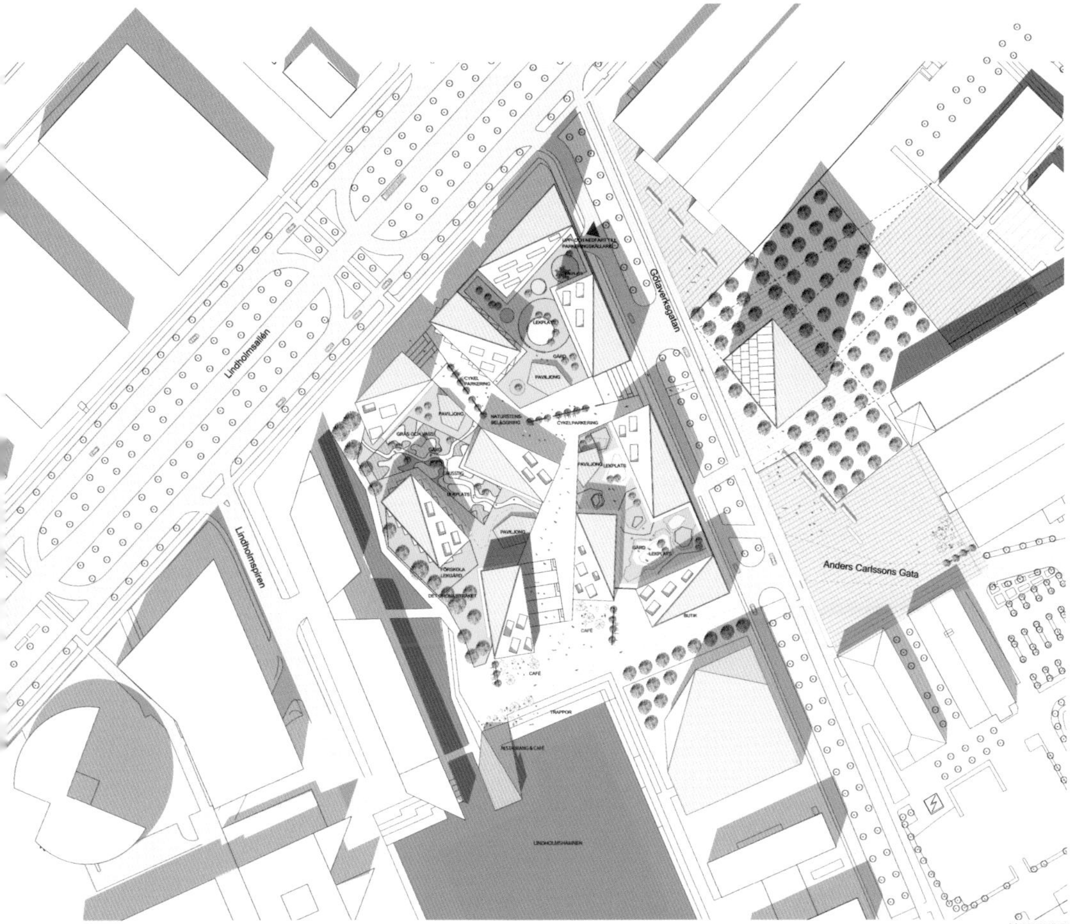
Lindholmsallén
Lindholmspiren
Götaverksgatan
Anders Carlssons Gata

总平面图

透视图

新加坡科技设计大学园区规划
Singapore University of Technology & Design

© Sasaki Associa

项目概况
项目名称：新加坡科技设计大学园区规划
项目位置：新加坡 · 樟宜
完成时间：2010 年
项目规模：22 公顷
规划师：SaSaKi
建筑设计顾问：MKPL，
可持续顾问：Max Fordham Partnership，
Sitetectonix Pte. Ltd，AIP Studioworks.

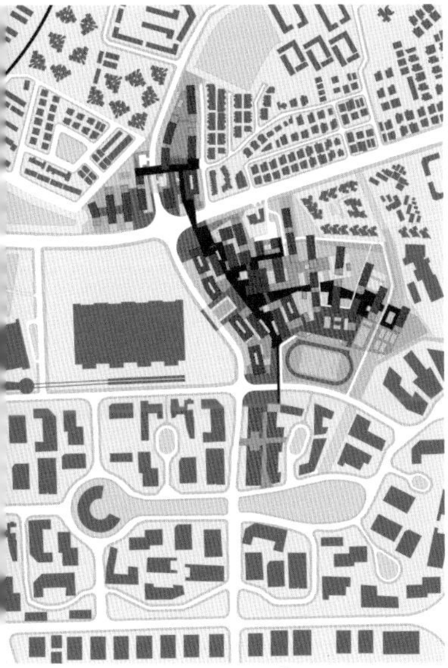

© Sasaki Associates

© Sasaki Associates

SUTD 规划项目提出了一个特殊挑战：用消除了学科界限的学术视角进行多学科间的交流合作，根据对项目具体情况的调查研究，为这所新建的大学设计校园。与作为麻省理工学院合作的院校，这所大学的学术使命是在建筑、可持续设计、工程研制、工程系统设计、信息系统科研设计领域开展综合研究和设计教学。校园的规划设计尽量符合当地气候条件，反映新加坡文化，实现居住区及学生生活与教学科研区域的无缝对接。

注释

SUTD（Singapore University of Technology & Design，新加坡科技设计大学）

© Sasaki Associates

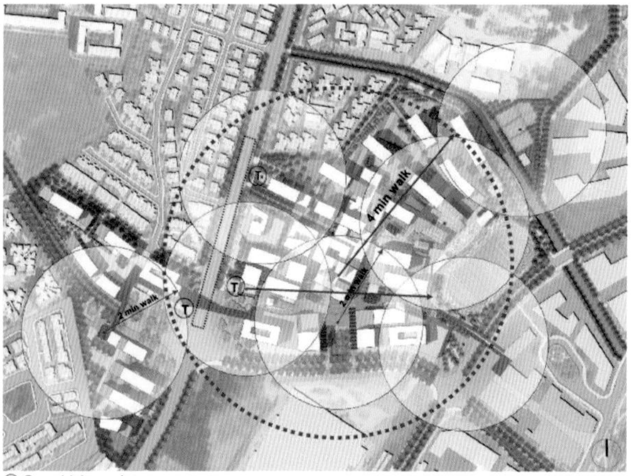

© Sasaki Associates

项目背景

新建中的 SUTD 是新加坡四所国立大学，定位于推动会、经济和科技进程，提高新加坡国民的素质的综合大学。这所学校位于新加坡 CBD 东北方向，两地相距13 千米。住于商住混合区域，SUTD 总占地面积 22 公由三个片区组成。新园区计划在 2014 年秋季投入使用能够容纳 7000 个学生。

学校园区计划实现的功能包括：

· 为学校实现学术目标、学生完成自我发展创造优良环树立 STUD 的独特形象。

· 将项目所在地的各项特点有机结合，提出独具特色的划方案。

· 强调、传达和谐共生的理念。

· 创造一个适于步行的校园。

· 使可持续理念和措施遍布校园的每一个角落。

© Sasaki Associates

综合规划内容

为了将全新的教育理念融入校园设计，规划设计师直接与 SUTD 学术规划组协作。规划组成员来自麻省理工学院、SUTD 董事会及新加坡教育部（URA）。作为一所新设立的大学，SUTD 至今还没有教师、学生或员工。

项目规划沿着一条主要的轴心步道展开，东西走向的步道要体现出学校多学科共同发展、相互合作的精神。主要教学及生活设施沿该步道路分布，将教学区、生活区、东部的 Changi 商务园区、南部的会展中心连接起来，并与新加坡的国道相连，在三个小区的交汇处还设置了车站。

在校园和轴心步道的核心区域设置了设计中心。它是学校精神的象征，也是重要的功能设施，还是多学科协作学习研究的国际交流中心。在设计中心四周开辟了四个研究中心（pillars），将用于开展学校主要学科领域的研究。

每一个研究中心都邻近各种不同功能的楼宇（如学术研究、学生服务、会议中心、展开空间等）而建，分布在轴心步道沿线，是引人注目的公共景观。

与主要的学术步道在设计中心交叉汇合的道路是一条南北向的步道，可以称之为“生活一学习走廊”。它将教学研究区域与居住区域相互联通，沿校园核心区展开。教学研究区、居住区和学生生活区的紧密联系能够促进学习和生活之间的互动。

项目规划方案注重多功能研究设施直接地协同配合，以设计中心为锚点展开设计，由户外步道网络相互连接。与麻省理工学院校园的“infinite corridor”相似，STUD 的东西向步道也作为连接校园的主要道路，将校园纵横联系，而且为各种校园活动创造了广阔的活动区域。学生生活服务设施、宿舍和娱乐设施设在多功能的综合区域，由公共空间网络相互连结，融为一体。

注释

infinite corridor：无尽长廊

剖面分析图

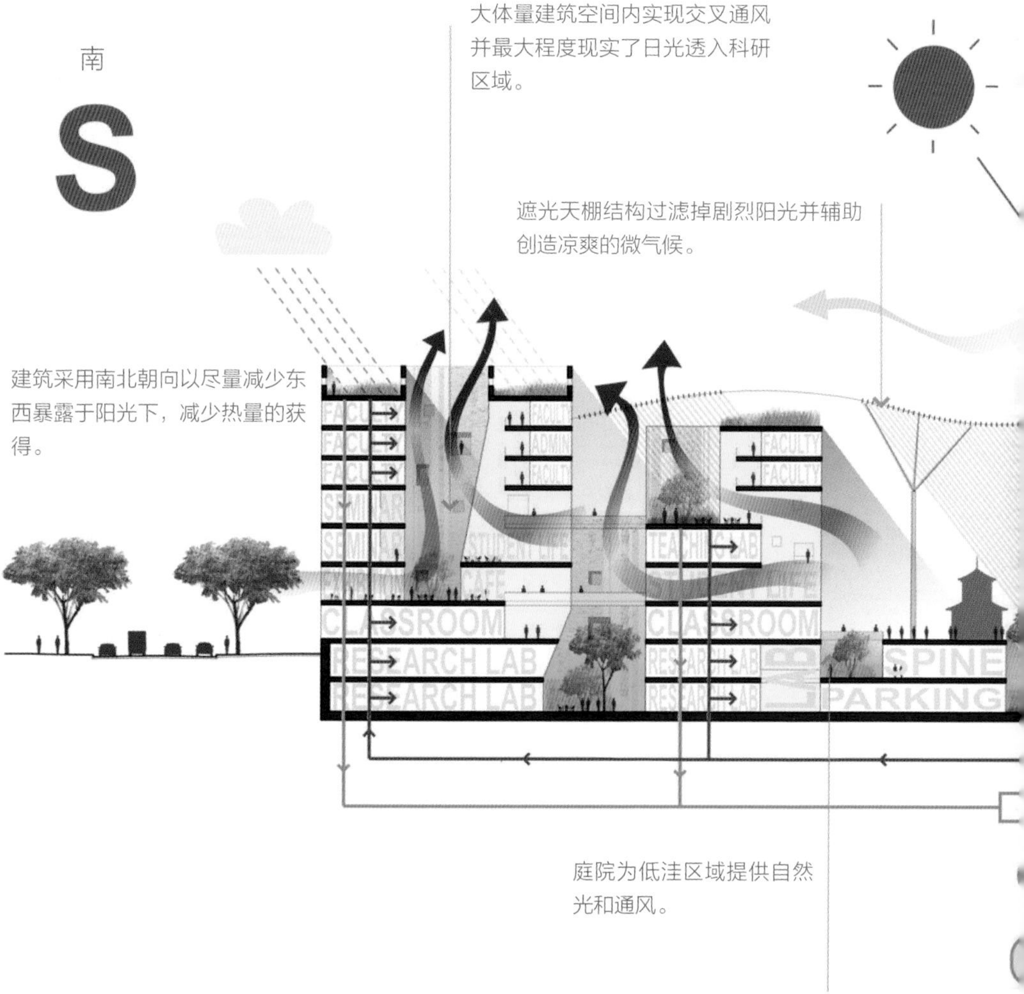
南
S
大体量建筑空间内实现交叉通风并最大程度现实了日光透入科研区域。
遮光天棚结构过滤掉剧烈阳光并辅助创造凉爽的微气候。
建筑采用南北朝向以尽量减少东西暴露于阳光下，减少热量的获得。
FACULTY
ADMIN
STUDENT LIFE
CAFE
CLASSROOM
RESEARCH LAB
TEACHING LAB
SPINE
PARKING
庭院为低洼区域提供自然光和通风。

屋顶作为一种热质用于减少
量获得， 辅助被动降温。

位于高处的带有有孔洞的天棚方便空气流动的交叉通风。

南

N

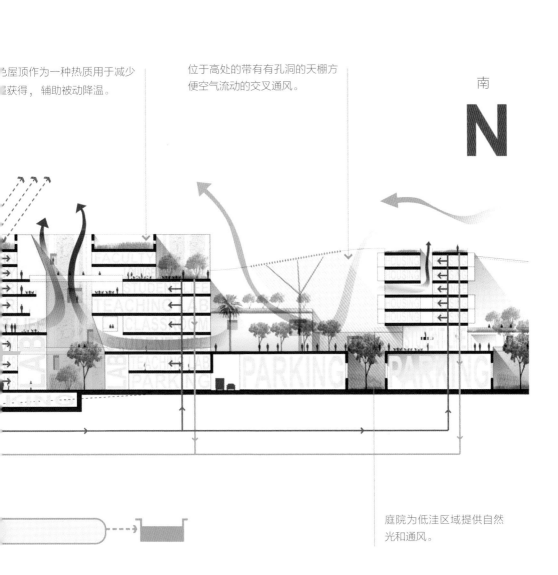

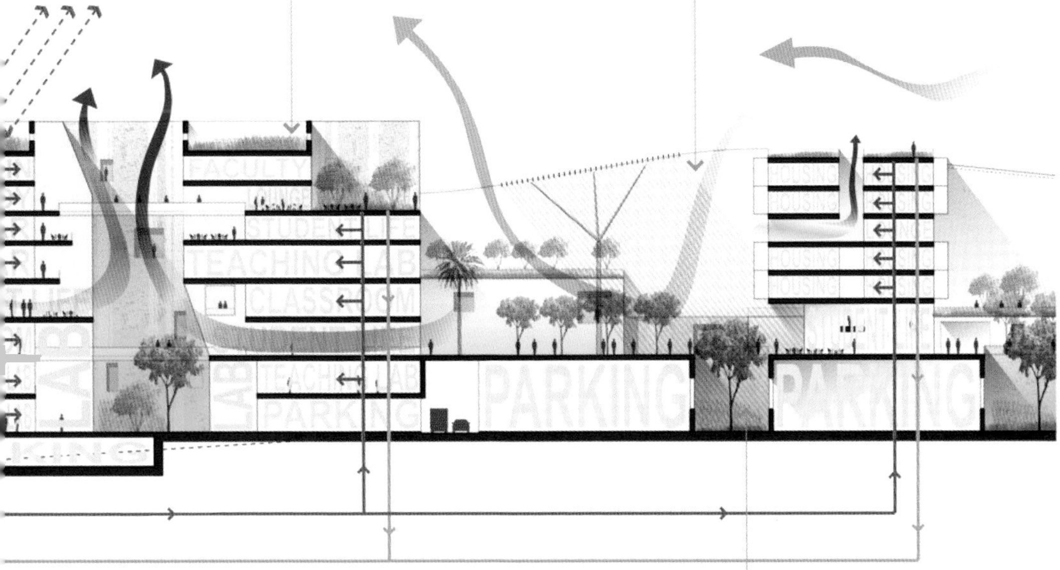

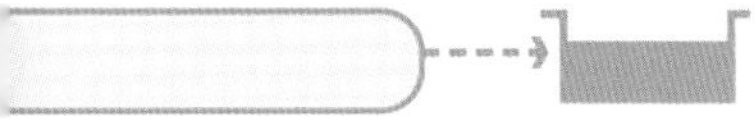

庭院为低洼区域提供自然光和通风。

Conceptual Strategies 功能概念分析图

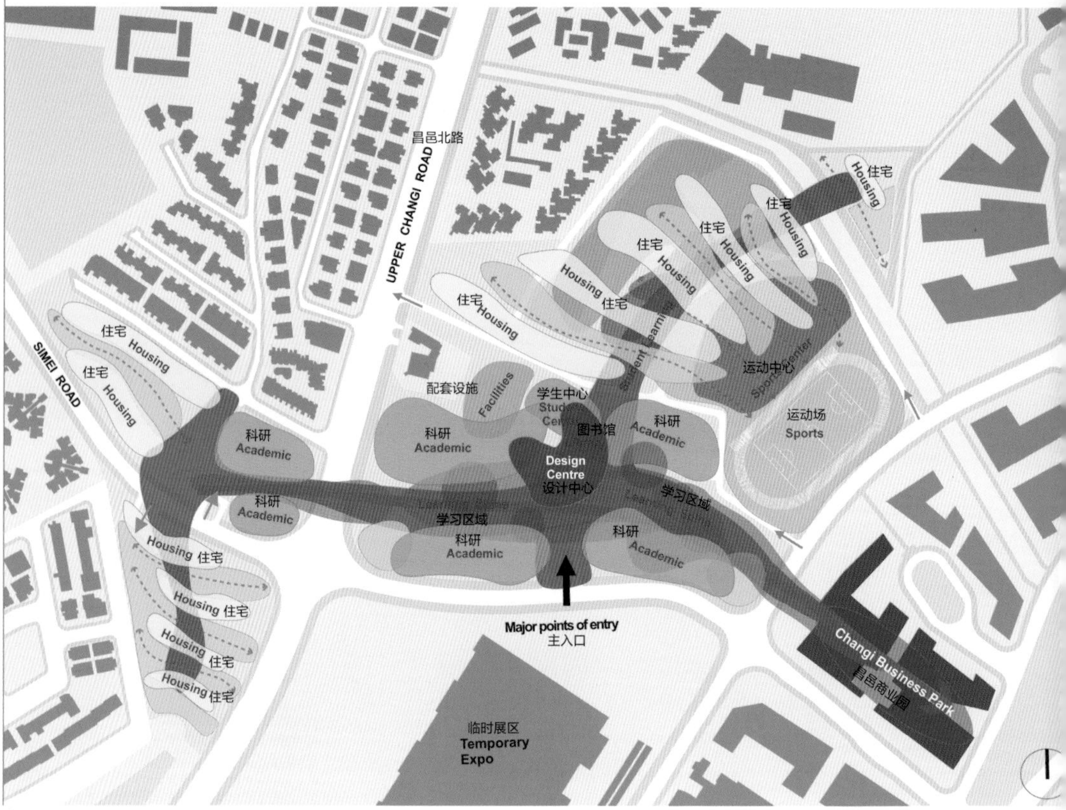

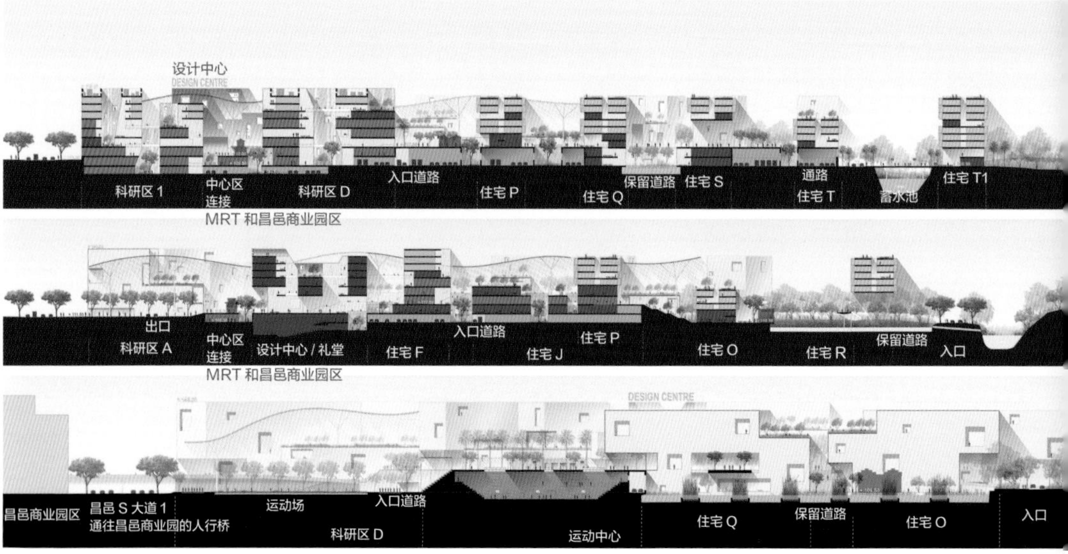

SINGAPORE UNIVERSITY OF
TECHNOLOGY AND DESIGN

主要设计原则

1. 满足学术研究需求

为了促进各学科间的对话和创新，四个学术中心（“pillars”）没有设在某一个特定的专门区域，而分散于其他用途的建筑之间。所有的本科生在前三个学期中都要加入多学科学生广泛参与的团队，而将在特殊设计的高科技主动学习（TEAL）教室中学习。这些教室位于教学楼的低层，设计师将使用最高的学习空间设置在最邻近轴心步道的位置。为了进一步促进学术思想交流，总体规划中将各个研中心相互连接，并且都与设计中心联通。

2. 遵循可持续设计原则

支撑 SUTD 校园规划设计的一个重要原则是对可持续发展的重视和贯彻。园区所有的建筑楼宇都面南方，这是正对太阳的最佳方位；并将加热和制冷需求降到最低。还对他们进行了立体绿化，用绿色顶调节能源消费，提供更多的绿色空间。为了应对新加坡的温热气候、使步行者更加舒适，将主要步及起居道路建成由天篷荫蔽的道路。这些建筑设计措施结合促进了雨水管理的景观设计策略，同时也进了利用公共交通系统出行、减少停车位需求的措施，将 SUTD 宣扬和实践可持续发展的理念落实校园及周边。

© Sasaki Associates

3. 建筑及用地的多功能、复合功能革新
设计中心位于 SUTD 的核心地带，周围建有四所研究中心，是学校主要的教学研究区域。学生生活和住宿的服务设施沿校园北侧和西侧分布。一条南北向的“生活 - 学习”之路沿途设置了图书馆、学生中心体育馆、娱乐设施以及大学生公寓。校园西侧的两个片区为研究生提供学习环境和设施。SUTD 计划为大部分学生和员工提供校内住宿，为学生创造更多学习交流的机会，有利于他们的发展。

4. 提升校园形象
校园的轴心步道为校内主要建筑设施定义了明确的方位，并在城市建筑中为大学树立起鲜明的形象。天篷设施为行人提供了舒适的环境，同时在校园中形成独特的特点。轴心步道的西端是校门，设有一个广场。它们建在主要公路旁边，提升了 SUTD 在整个城市中的气势和形象。总体规划还将校园与附近的 Changi 商业园区连接起来，同样增加了 SUTD 的服务功能。

5. 公共区域和行车流量分析
占据 SUTD 校园大半的开放空间网络包括广场、小型公园、庭院、花园、屋顶绿化设施、田径场馆和丛林缓冲区，它们构成了连接校园各处的绿色网络。为实现雨水的循环可持续利用，还设置了河道、水景和湿地组成的水系网络，成为绿色设施的有力补充。由步道形成的道路网络覆有天篷，将校园有机联系在一起，步行十分钟左右即可穿越整个园区。以上措施形成的综合系统提高了环境质量，为学生的学习、运动和集会等活动提供多种多样的空间。

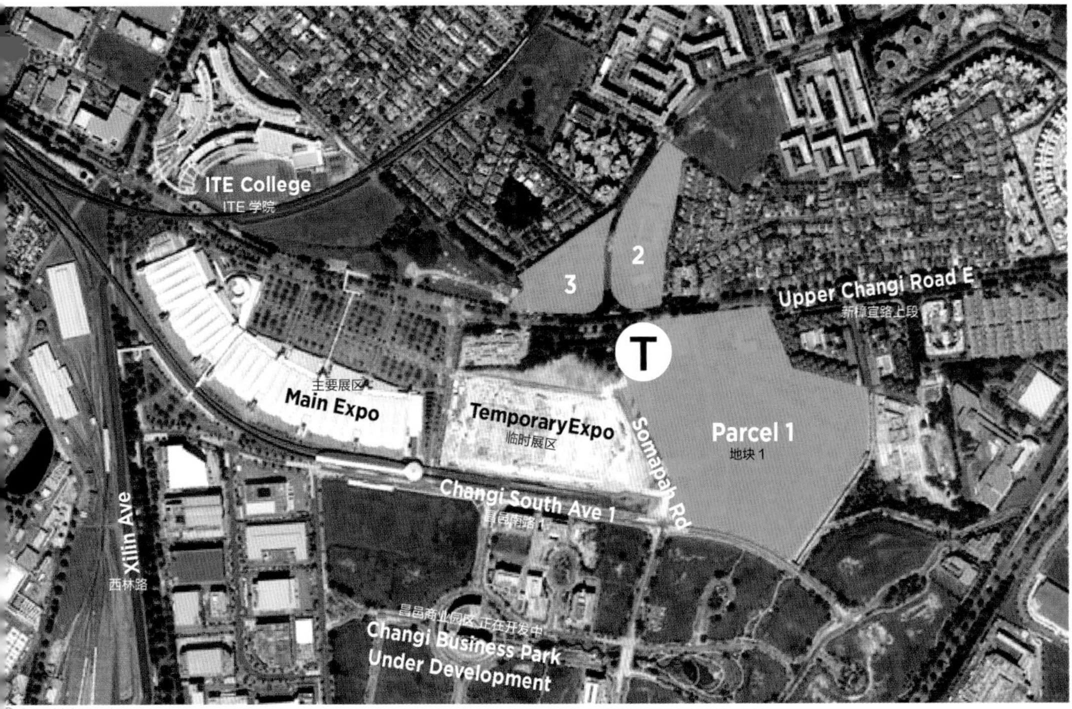

中新天津生态城小学
Primary School in Tianjin Eco-city

鸟瞰

项目概况
项目位置：天津 · 滨海新区
建设单位：天津生态城建设投资有限公司
设计内容：规划设计，方案设计，施工图设计

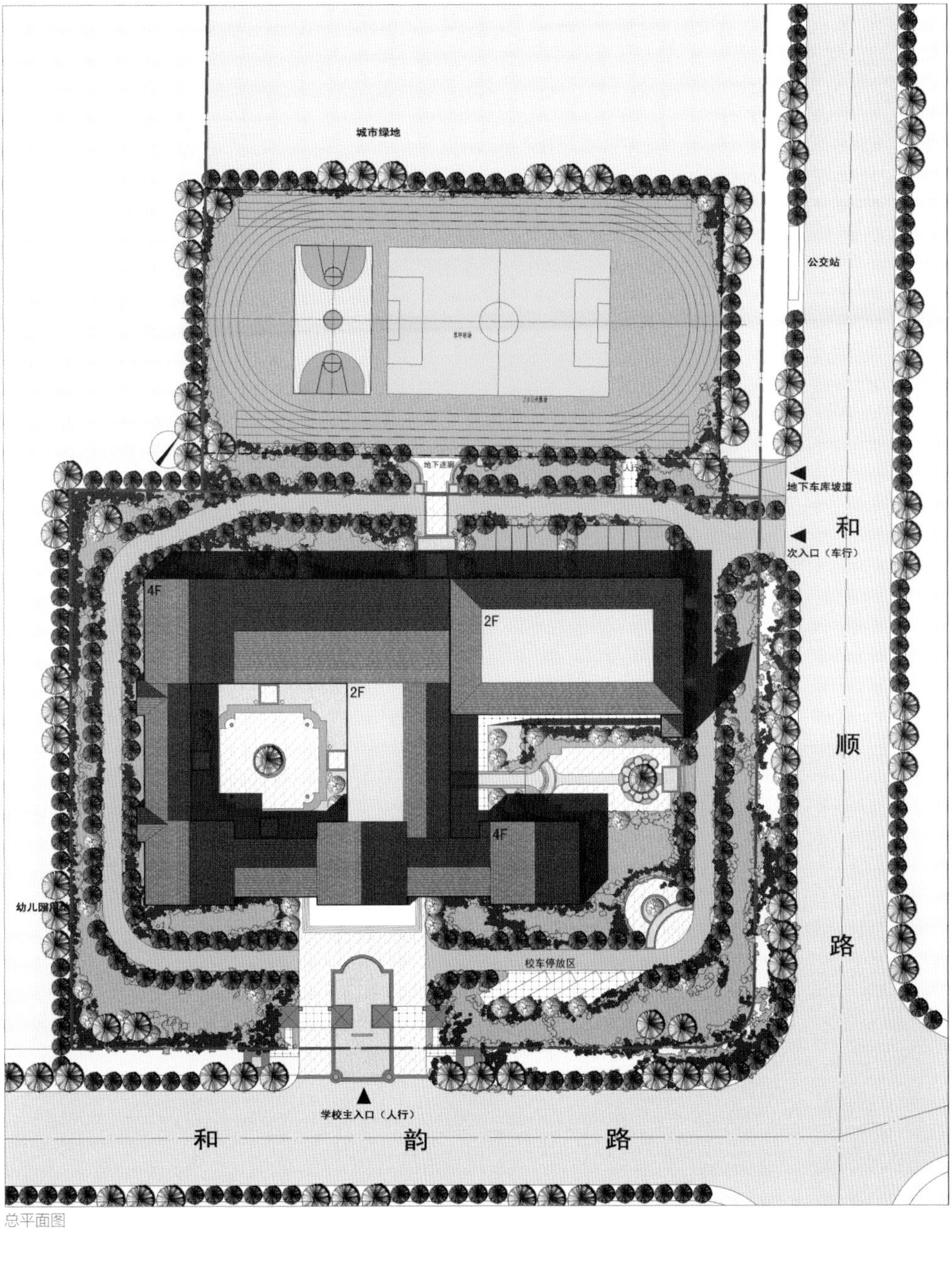
城市绿地
公交站
地下连廊
地下车库坡道
次入口（车行）
4F
2F
2F
4F
幼儿园
校车停放区
学校主入口（人行）
和 韵 路
和 顺 路
总平面图

TIANJIN ECO-SINO PRIMARY SCHOOL

生态城小学设计原则以被动节能为主，主动节能为辅，绿色设计的重点是降低建筑能耗和创造绿色校园。

在能源利用方面，合理利用被动式节能措施。如合理选择朝向；体形方正减小体形系数；根据不同房间对室内温度的要求调整建筑平面布局；体育馆设天窗自然采光。另外由于小学主要在白天使用，因此利用墙体选用热惰性材料，使室内温度达到峰值时，已经是放学时间，并结合夜间通风对蓄热体降温。可再生能源采用地源热泵系统提供采暖与空调。

在节地方面，综合利用地下空间及下沉庭院解决餐厅、地下车库等要求，集约用地，学校操场与社区共享。

将绿色行为教育纳入校园的整体设计，从景观、建筑、室内各个方面进行绿色技术展示；实施节能教育；绿色生活方式以及自然教育，使学校成为生态课堂。

人视图

南开中学滨海生态城学校
Nankai Middle School in Tianjin Eco-city

人视

项目概况
项目位置：天津 · 中新生态城
建设单位：天津市南开中学
设计规模： 12 万平方米

绿色设计

建筑设计的原则是问题导向的绿色集成设计，即寻求特定气候下的色建筑核心矛盾；根据问题得出集成化的绿色技术策略，而不是简的框架导向，即根据绿色评价条文的框架进行技术罗列。针对天津沽地区的气候分析，得出生态城校园绿色核心问题是："能"、"水"绿"三方面，针对问题解决策略为"节能"、"净水"、"增绿"在技术策略选择上，采用适宜技术，以被动式技术为主，主动式技为辅，在低能耗基础上运用可再生能源，综合运用结构轻量化、材循环化达到全生命周期的可持续建筑。

鸟瞰图

南开中学滨海生态城学校的设计目标是将“南开精神”和“生态校园”两者进行有机结合，追求“南开精神的空间表达”以及“生态校园的地域策略”，希望达到“树荫掩映的自然气息，人文浓郁的景观意境，历史文脉的文化传承，生态完善的绿色校园”那种境界。南开精神的特色体现在南开精神的空间表达，南开记忆的视觉意象，独特校园文化的建筑表现以及国际名校的校园意境；而生态校园的设计特点则体现在适宜策略下的绿色集成设计。

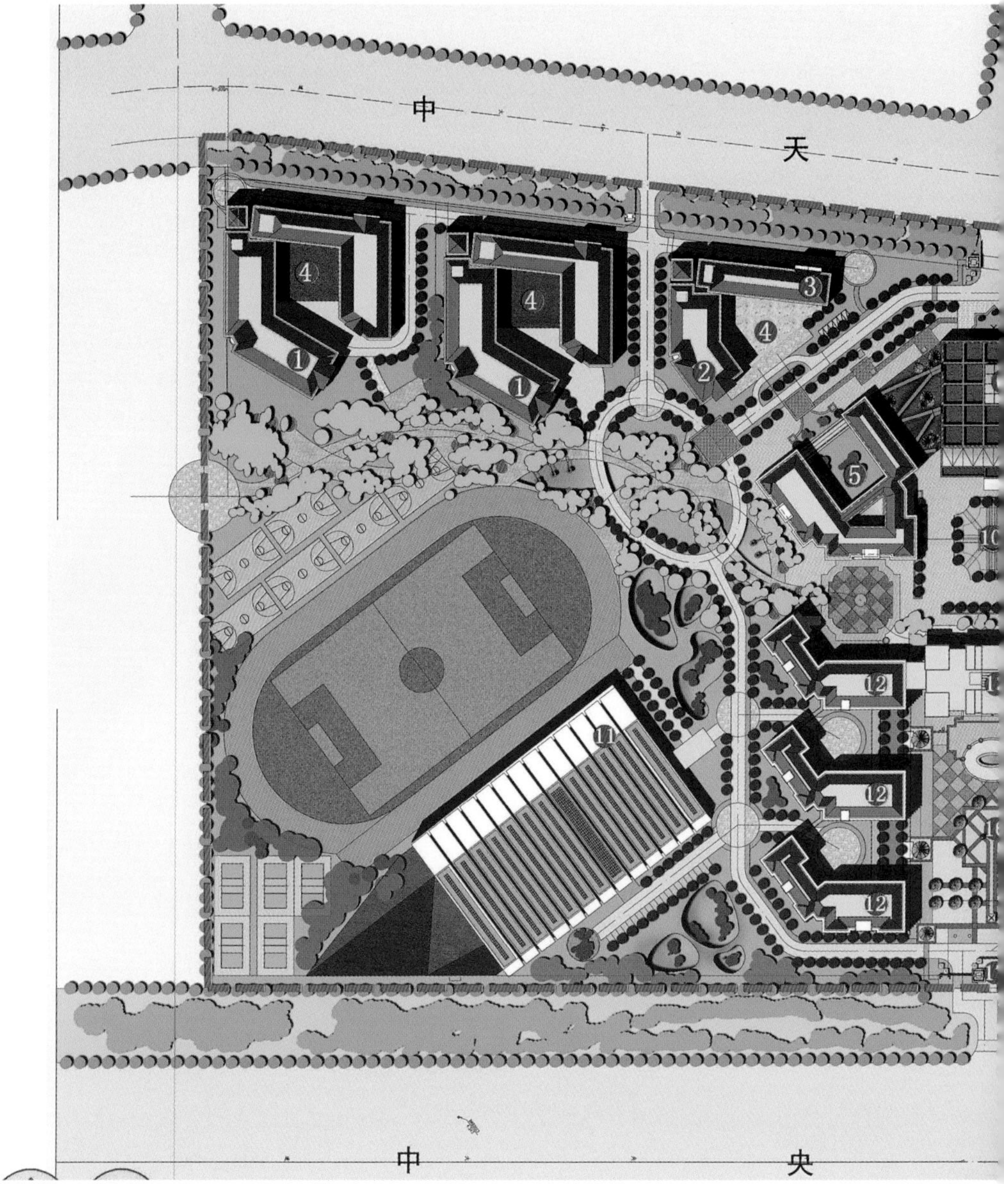
中
天
中
央

绿色规划

在整体规划布局的基础上，对规划布局进行气候分析，通过对生态城地区气候资料的研究，确定日照、通风、噪声等规划原则。

日照：充分利用用地的南向、东南向及西南向进行布局。

通风：通过东南向的开口、架空等方式引入夏季东南风；利用围合院落、草坡等方式隔绝冬季西北风。

噪声：将体育场布置在中央大道一侧，同时加大对快速路的建筑退线，并通过地形和景观隔绝交通噪声。尽量减少交通噪声对生活区和放学区的干扰。

节地：通过地下和半地下空间的综合利用，节约用地，减少建筑密度，提高绿地率，达到了 50% 的绿地率。

节水：结合山水景观设计了雨水收集、净化、回用的系统，改善热岛效应及城市小气候。结合景观运用、下凹绿地等方式促进雨水下渗。

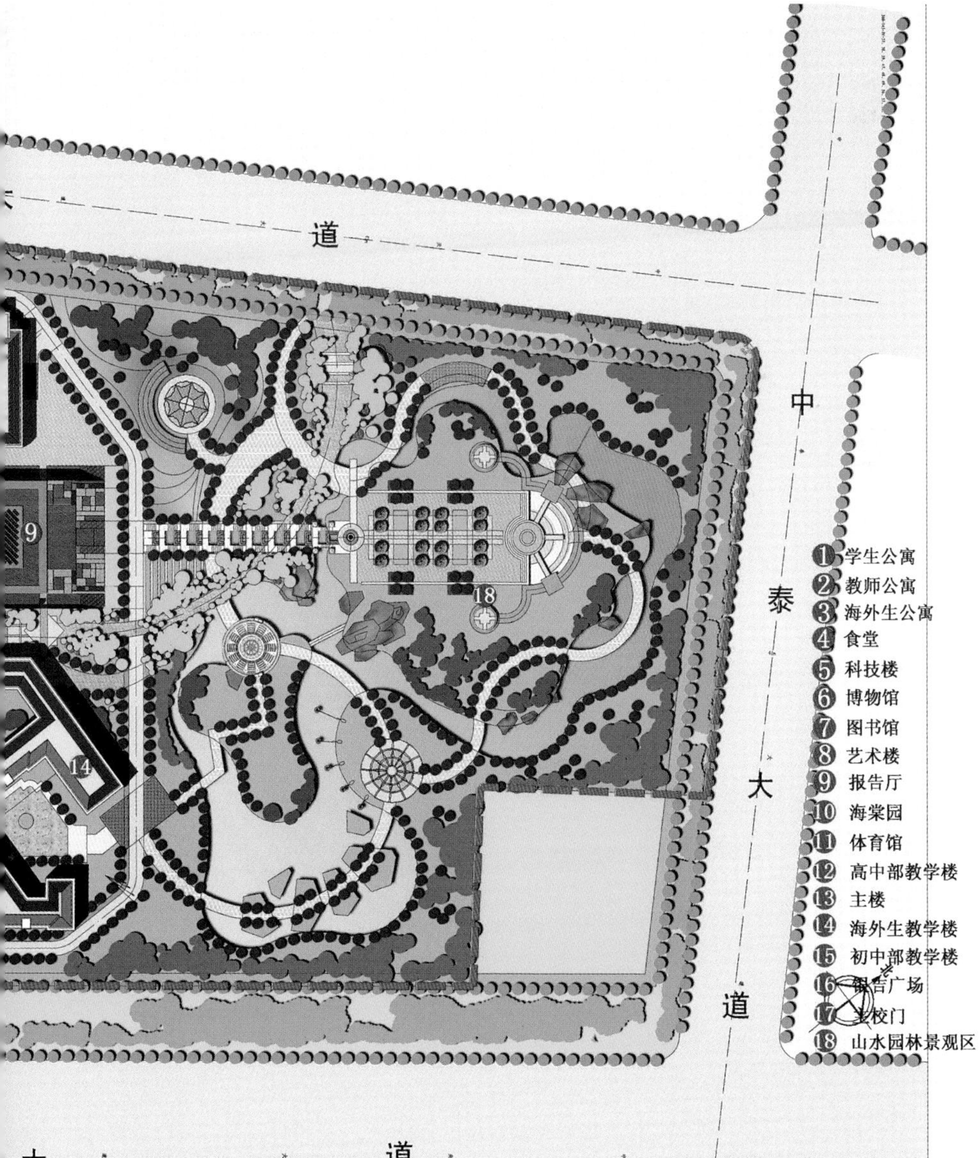

总平面图

中央大学校园规划
Universidad del Istmo Mater Plan

© Sasaki Associates

透视图

项目概况
项目名称：中央大学校园规划 Universidad del Istmo Mater Plan
项目位置：危地马拉 · 弗拉扎内斯
委托方：中央大学
完成日期：07/2011 总体规划
面积：49 公顷，126800 平方米
Sasaki 事务所提供服务：建筑设计，规划，景观设计，战略规划，城市设计，可持续解决方案

Sasaki Associates

鸟瞰图

© Sasaki Associates

鸟瞰图

危地马拉中央大学新校区位于临近危地马拉城快速发展的圣伊萨贝尔城区。项目占地 49 公顷，位于秀丽的山丘和谷地之间。在接下来的 20 多年发展战略中，大学目标是招收大约 6200 名学生，教育目标和大学责任在于强调个人以及周边学习环境中的社区的发展。新校区的组织形式是对大学社会功能目标的回应，也负载了架构当代学习关系的功能。规划设计考虑了对场地造成影响的生态因素和系统，并精心设计了新楼的方位及朝向，以促进自然通风和采光，将校园设计成可持续策略应用的典范。

© Sasaki Associates

透视

© Sasaki Associates

透视

佐佐木事务所的设计师在俯瞰山谷的山脊上设计了校园的核心区域，设置了主要的市政设施。一系列科研建筑设施沿一条线性的景观带展开，建筑之间以林荫道相连。按照规划，山谷可与周边社区连通，并在整个场地的雨水处理过程中发挥关键作用。新校园包括交流学院，法学院，科研实验室，一座容纳三百人的礼堂，一个学生俱乐部，一个室内体育馆，室外休闲区域，一个 100 张床位的教学医院，以及大学生宿舍。

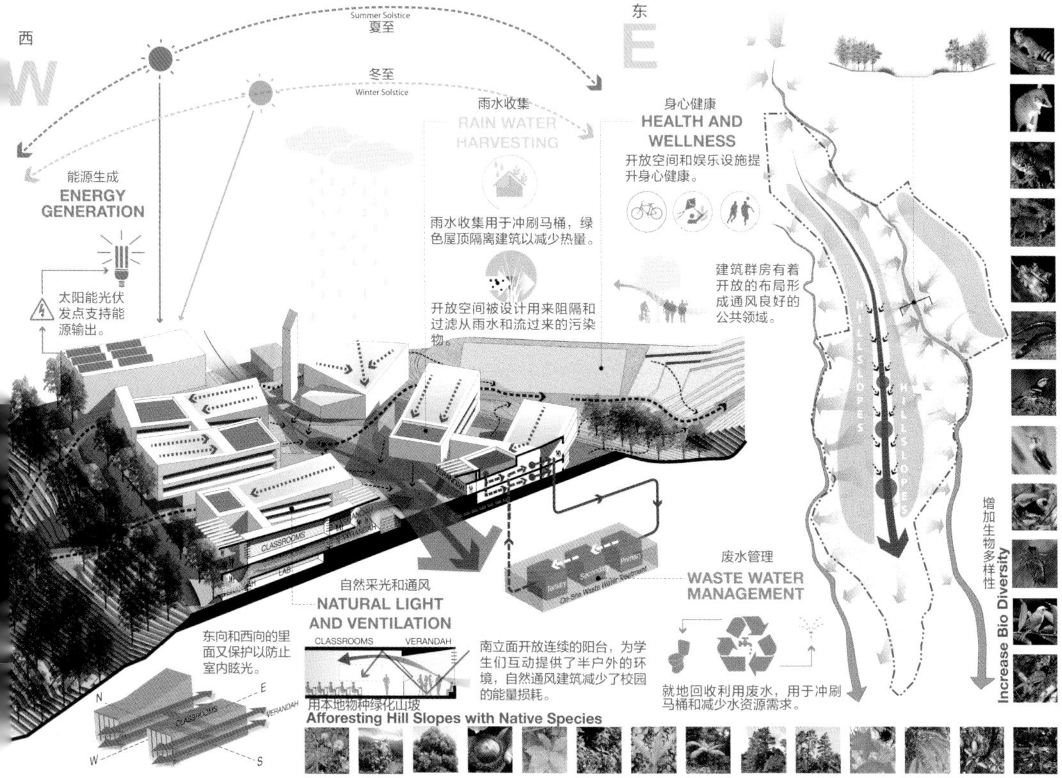

西
W
东
E
Summer Solstice
夏至
冬至
Winter Solstice
能源生成
ENERGY GENERATION
太阳能光伏发点支持能源输出。
雨水收集
RAIN WATER HARVESTING
雨水收集用于冲刷马桶，绿色屋顶隔离建筑以减少热量。
开放空间被设计用来阻隔和过滤从雨水和流过来的污染物。
身心健康
HEALTH AND WELLNESS
开放空间和娱乐设施提升身心健康。
建筑群房有着开放的布局形成通风良好的公共领域。
HILLSLOPES
CLASSROOMS
LAB
VERANDAH
自然采光和通风
NATURAL LIGHT AND VENTILATION
CLASSROOMS
VERANDAH
南立面开放连续的阳台，为学生们互动提供了半户外的环境，自然通风建筑减少了校园的能量损耗。
东向和西向的里面又保护以防止室内眩光。
N
E
W
S
废水管理
WASTE WATER MANAGEMENT
Tertiary
Secondary
Primary
On-Site Waste Water Treatment
就地回收利用废水，用于冲刷马桶和减少水资源需求。
增加生物多样性
Increase Bio Diversity
用本地物种绿化山坡
Afforesting Hill Slopes with Native Species

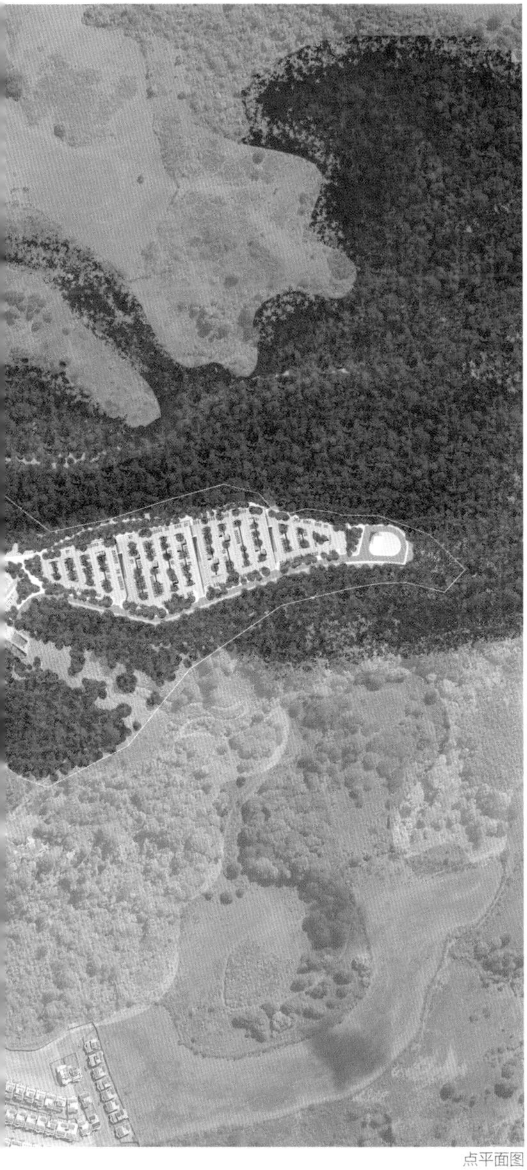

© Sasaki Associates

基地分析图

点平面图

西班牙马略卡岛帕尔马 Platja 区域总体概念规划

Concept Master Plan of Platja de Palma, Mallorca,Spain

项目概况

委托方：帕尔马 · Platja

联盟建筑设计：West8

主要指标：面积 1000 公顷，海岸长 10 千米

规划设计：ARUP 奥雅纳

©ARUP/WEST8/Consorci Platja de Palma

©ARUP/WEST8/Consorci Platja de Palma

利阿里群岛是一个海滨旅游区，每年吸引1.8
游客。它拥有200多家酒店，目前提供的旅
模式已经跟不上时代发展需求。本项规划旨在
用可持续发展的方法，对地中海旅游胜地中的
个区域实现全面振兴（城市，环境，社会和经
方面）。Arup奥雅纳公司在规划项目中担任
持续发展顾问。其工作职责是为这一区域提供
在能源管理、水循环、废物管理和交通等方面
策略。其主要目标是水和废物的优化处理，区
内交通设施将采用电力汽车，建筑和当地公共
施将实现二氧化碳零排放。此外，还将推行恢
环境、通过规划、经营管理和执行创新模式等
施，实现社会和经济的振兴。

©ARUP/WEST8/Consorci Platja de Palma

©ARUP/WEST8/Consorci Platja de Palma

©ARUP/WEST8/Consorci Platja de Palma

©ARUP/WEST8/Consorci Platja de Palma

©ARUP/WEST8/Consorci Platja de Palma

©ARUP/WEST8/Consorci Platja de Palma

桑坦德智慧海湾
Santander Warterfront

© Arup Foreign Office Archite

项目概况
委托方：桑坦德港口管理委员会
建筑设计：Arup Foreign Office Architects
主要指标：投资额 6 亿欧元
建设时间：12 年

© Arup Foreign Office Architects

项目占地 60 公顷，是一项包括规划、管理和实施在内的历史性战略项目——建设桑坦德南湾海岸线。新海岸覆盖 5 千米直线距离，将成为城市生活的主要焦点，并美化西班牙北部坎塔布连地区的形象。

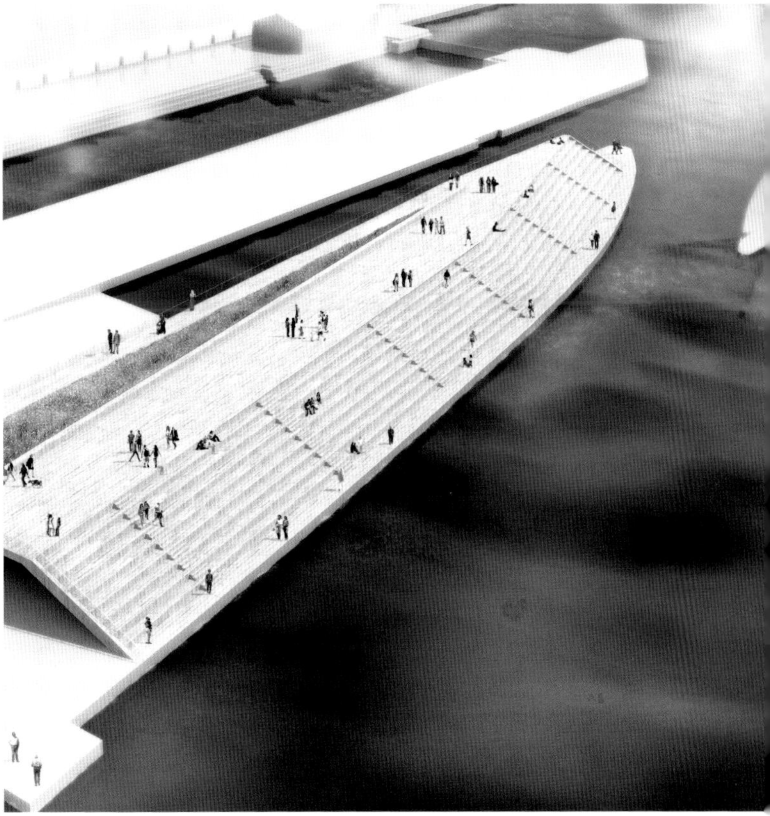

© Arup Foreign Office Architects

项目如何在委托方和相关利益人的角度上为他们创造价值

码头和港口都位于综合性城市中心的附近。鉴于港口规模和活动的特点，以及它与市民的关系，对于区域管辖权的争执、使用以及行政权属范围的争议在所难免。桑坦德港也存在同样的问题。

© Arup Foreign Office Architects

© Arup Foreign Office Architects

© Arup Foreign Office Architects

随着港口竞争力的增强和物流市场的扩大，对港口基础设施和可达性也提出临海的开放城市，并增加新的设施，提高港口的竞争力，提供更多的服务，实现基础设施的可持续发展。这是一个革命性的规划，其成功主要得益于以下四个设计要点：

Cultural 文化：新的滨海港口设计目标是将其打造成二十一世纪潮流文化焦点，将桑坦德湾定位为坎塔布连海的文化资源之一。在总体规划中，设计了一个新的空间，来陈列由 Renzo Piano 设计的桑坦德文化基金会 (Cultural Foundation of the Banco Santander) 的艺术品，这将成为该地区主要的文化资产。

Technology 技术：为了重建一块富有产能的土地，规划设计人员采用了一种新的科技城区理念。桑坦德智慧海湾将在未来五年中实现强劲的形象改变，实现由粗放型增长模式向知识经济模式的转变。

Nautical 航海：桑坦德独特德自然环境，为国际帆船比赛和训练以及其他水上运动项目提供了良好的场地。桑坦德海湾将承办 2014 年 ISAF 国际锦标赛。

Port innovation 港口革新：独特的集成模型，进入水面的通路和港口经营维护策略，以及对商业空间的整合引入，是该项目成功的关键。新渡轮和邮轮码头的设计是新海滨对之前港口功能的继承，市中心可停泊三艘轮船，并尽量减少对城市环境的影响。

注释

Renzo Piano（伦佐、皮亚诺）

ISAF（Sailing World Championship 世界帆船锦标赛）

RiverCity 是哥德堡于 2010 年春开展的项目，基于城市社会、生态、经济等方面，与社会展开多角度对话，积极邀请国际团体参与，简历市级机构与 River City 中心，该项目被作用跨境合作和互动的象征。

© Arup Foreign Office Architects

© Arup Foreign Office Architects

项目包括以下新功能：

(1) 财务自给自足。

(2) 公共资产赢利最大化。

(3) 一个兼顾所有利益相关者需求的平衡方案。

(4) 基于社会公共机构忠诚度的治理模式。

重建项目土地面积超过 60 万平方米，其中 170000 平方米将用作新的开放空间，还有 43000 平方米用于建设新的社会基础设施。

仅增加 2% 建筑空间，最大限度地减少新建建筑物的视觉影响。通过既有建筑物和设施的翻新改造，诸如码头和起重机一类的文化遗产和地标港口也会被保留下来。

该项目树立了一个海滨可持续性重建项目的典范。奥雅纳公司利用其马德里公司开发的集成项目开发工具 SuPort（可持续港口评价）为项目提供了全面又有针对性的可行性策略。

该项目还设置了一个在当今西班牙具有里程碑意义的典范。由奥雅纳公司设计的投资超过 70 亿欧元的管理策略系统已经在 2010 年实现运营。

项目总计将拉动 7 亿欧元投资，在建成之后，它每年将提供 1500 个就业机会；在建设期间，将提供 850 个就业机会。

该协议策略和对交通图的定义，以及对于利益相关者及公众管理的规划在欧洲是独一无二的，并在拉丁美洲引起了关注，这一滨海区域已经成为国际典范。在哥斯达黎加、蒙得维的亚和卡塔赫纳，这个项目中来自马德里办公室的专家被邀请分享他们在工程实施过程中取得的经验。

在欧洲区，团队受邀参加位于哥本哈根的“RiverCity”国际研讨会及哥德堡建筑双年展。

这一项目的成功实施，开启了新的工作联系，成为诸如巴西的桑托斯海滨等许多项目的标杆。

项目如何创造一个更加美好的世界

桑坦德智慧海湾致力于从三个层面创新可持续发展：

生态城区模式（Eco-District model）定义：低资源消耗（水、能源），低环境影响（低排放、减少废物产生），在港口、城市基础设施建设和本地区建筑中使用可持续材料。规划设计人员还对减缓和适应气候变化问题进行了关注和分析。较之传统发展模式而言，降低 60% 二氧化碳排放量。

综合的城市改造（Integrated urban retrofit）企业通过协调不同的主管部门，提出全面进行区域改造的具体战略措施，并利用各种可行的公共 — 私人融资方式，努力实现在欧洲地区建立先进的范例和模式。

港口可持续发展（智慧港口 SmartPort）：这一工具为在“可持续发展”前提下进行重新开发的港口区域定义了一系列策略措施。该战略致力于使桑坦德港口实现智能系统管理、存储和消费，以及分散式能源生产。

建立一个“质量委员会”：该委员会是管理经营战略中的新的管理方。这一机构已经建成，通过对公共及私人项目计划进行前期分析，保证项目的整体顺畅运行。这是该项目的公众参与平台，将项目实现过程中的各种因素汇集起来，包括投资方和来自学术界、专业机关及协会的各方代表。

© Arup Foreign Office Architects

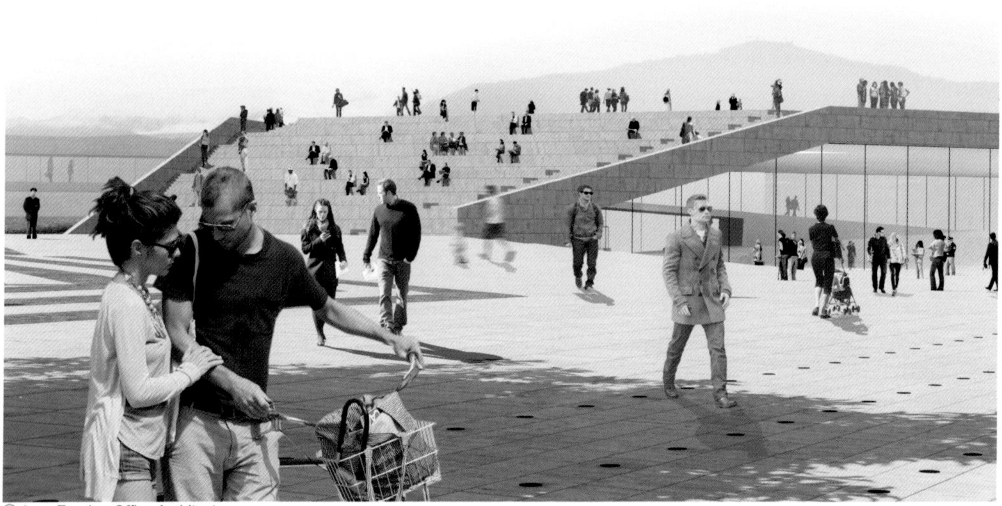

© Arup Foreign Office Architects

© Arup Foreign Office Architects

© Arup Foreign Office Architects

从项目质量方面阐释项目的特别之处

经过五方管理机构的批准，奥雅纳承担项目全过程的咨询任务，并创造一个集规划、管理和实施一体化的集成模型。该模型已经成功引入到 ISAF(世界帆船锦标赛)。

智慧海湾（SmartBay）: 智慧港口 + 智慧桑坦德（SmartPort + SmartSantander）将在世界范围内成为可持续重建及城市综合改造的范例。这里将实现低排放，新建区域和已有区域都将实现零污染，并将最先进的科技措施应用于港口和城市的日常生活。海滨将成为一个一比一规模的实验室，与被称为智慧桑坦德【SmartSantander（由Telef ó nica 领导）】的项目中诸如 E-on 或 EU 计划结合，探索参与城市管理和规划的可能性。这里还将开发一个由港口和城市合资的智能电网，在港口和城市环境中同时实现可再生能源的利用。

由奥雅纳开发的 SuPor 首次作为工具应用于桑坦德港口的成功开发。该工具从可持续发展的角度进行出发，将最佳国际化实践方法纳入考虑。

推进达拉斯商住综合体
Forwarding Dallas Complex

项目概况
建筑设计：Atelier DATA，MOOV
位置：美国 达拉斯
面积：40000 平方米
类型：住宅和商业综合体
获奖：重视达拉斯国际设计竞标中第一名中标

大自然从始至终都在发生作用，现今对人类提供的挑战是找出它保持运行的方式和机制。人类智慧将我们带到一个关键点，利用先进的科学技术，我们可以完全毁掉，或者创造舒适、文明的居住环境。我们利用科技的方式将最终决定所有的不同。在这个项目中，建筑师的目标在于认识自然循环的方式并进行复制，将其作为一个重要的策略来组织空间，并成为整合技术解放方案的范式。

水资源管理

雨水在屋顶被收集，进入再循环过程，储存于地下储水箱中，并在水泵的作用下进行再次利用，可用于灰水系统和农业灌溉系统。如此短的循环过程在运输的环节大大节省了水资源，减少了蒸发量，降低了废水净化的成本。城市管网中的水将只用于饮用。铺地区域具有水透性，这样自然的地下水流动和雨水排放功能就能够保持运行，防止洪水，保护含水层。

我们选择了山坡的自然形态作为范例，因为它是自然界中最具多样性的系统之一。对于这个综合体项目以及人类感官而言，大规模采用单一的方法永远无法满足所有需求。所以，建筑师将谷地、斜坡和山顶的形态都表现在项目中，以最大化太阳能的吸收，改善景观效果，创造具有产能功效的建筑外表面。

这个项目的最终目标不在于建立一个自然结构，而是将自然的运行模式运用到社区当中，形成规范。本项目旨在使达拉斯与时代潮流接轨，同时将达拉斯推向世界，成为其他面临相似问题的城市的范例。
主要设计策略：
· 开放的绿色空间，包括林荫道路、室内庭院以及开展农业种植的绿色屋顶。
· 在建筑顶层设有温室。
· 100% 预制结构系统与本地建筑材料的良好集成。
· 住宅 854 套，从小户型到三居室公寓多种类型选择。
· 光电太阳能与风力结合，满足用户 100% 电能需求。
· 吸收太能能的西南外墙装配软百叶窗，设备可根据季节进行调整。
· 东北立面全部装备了厚而高的秸秆砌块，以增强绝热性能。
· 具有水透性的铺装区域，防止积水和溢流发生。

建筑师概念中的能源战略发展沿着两条互补的向量发展。在第一个向量中，能源需求通过被动建筑设计尽可能降低。此外，各个楼层都配备了高效节能的电器，照明系统采用 LED 技术，是传统白炽灯泡能耗的 4%。按照这一办法，预计电力需求不超过 500 千瓦时 / 人 / 年，这大概相当于目前达拉斯人均能耗量的一半。按照本地发电系统的设计，可再生能源能够完全满足当地 854 户居民，也就是每年 427 MWh 的电力需求。可再生能源发电由光伏发电和风力发电系统相结合完成。

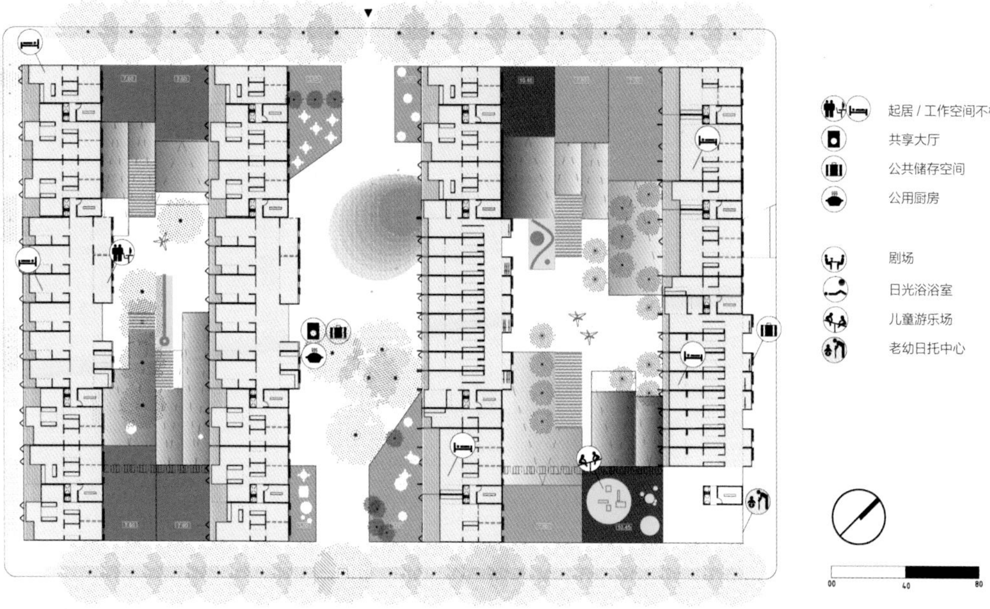

四楼平面图

光伏发电系统由 3 个子系统组成。其中两个系统，位于东南和西南外墙的玻璃幕墙区域，都集成在一个软百叶窗式的系统中。每个薄板是一个三角形的平行六面体，其中一面覆盖三接面非晶硅电池，透明度设置为 20%，允许室内自然采光的漫射。薄片用作水平轴跟踪功能系统，因此可以对全天吸收的辐射进行优化。选择商用三接面非晶硅材料，是因为他们对遮阳效果的要求不高，这样的情况可能发生在建筑 B、C、D 当中。它们对高温环境不太敏感，而且，当放置于塑料基片中时，这些材料的性能十分灵活柔韧。而在项目方案中，对于软百叶窗来说，这是最首要的一项因素。除了东南立面和西南立面的软百叶窗系统，在所有建筑物的屋顶所集成的一个固定的面板系统，同样使用三结非晶硅光伏电池板。

西南部系统额定功率 200 kWp，在将遮光损失排除之后，每年产能约为 148 MWh；东南部系统额定功率 15 kWp，同样将遮光损失排除后，产能可达 11 MWh。最后，固定面板屋顶集成系统额定功率 41 kWp，年均产能 74 MWh。因此，年均系统输出总量为 232 MWh，相应的整体光伏产量约为 905 千瓦时 / KWP。

值得注意的是，这是一个计算过建筑相互遮挡作用之后的估算值，将收集损失率定在 60% 左右。在项目进入细节实施阶段之后，将对建筑被动系统的性能和 PV 系统接受的实际辐射量做出详实的计算。还需强调的是，未来其他的 PV 光伏材料将在软百叶窗帘系统使用，这些材料呈现出高集成度的灵活性，外形美观，性能高超，并将涂以不同颜色的涂料。

在本地能源系统中还包括一个风力系统。20 个水平轴风力发电机（WEC-V）将设置于楼顶，设计年产能 200 MWh。将风力系统和光伏发电系统的产能相加，能够完全满足当地年电力需求的估算用量。

关于家庭热水（DHW），据估计在注意节水的情况下，居民每日每人消费量为 40 升。太阳能供热系统利用真空管满足家庭热水需求。根据设计，按照人均占用三根一米长的真空管，水温设定在 60 度（以防止细菌，特别是军团病菌滋生）计算，系统能够满足年均能量需求的 70%。系统辅助设置具有余热回收功能的燃气锅炉，能效超过 90%。

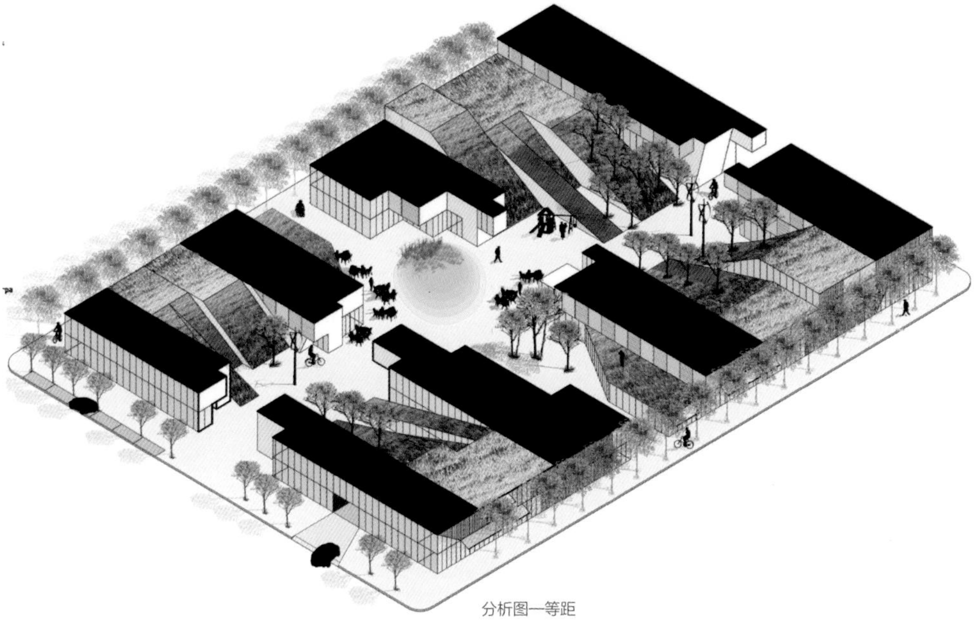

分析图—等距

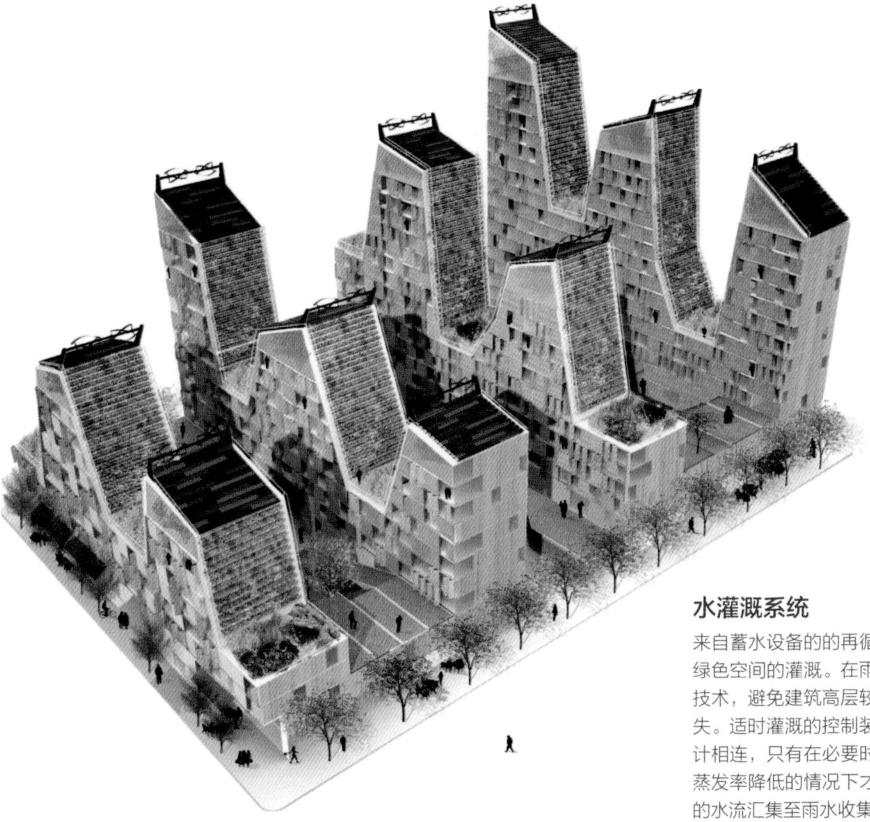

鸟瞰图

水灌溉系统

来自蓄水设备的的再循环水将在大楼楼顶用绿色空间的灌溉。在雨量少的情况下采用滴技术，避免建筑高层较强的风造成水分过度失。适时灌溉的控制装置与埋藏于地下的雨计相连，只有在必要时，即在夜间能耗降低蒸发率降低的情况下才工作。储水容器中收的水流汇集至雨水收集系统，并进行净化。

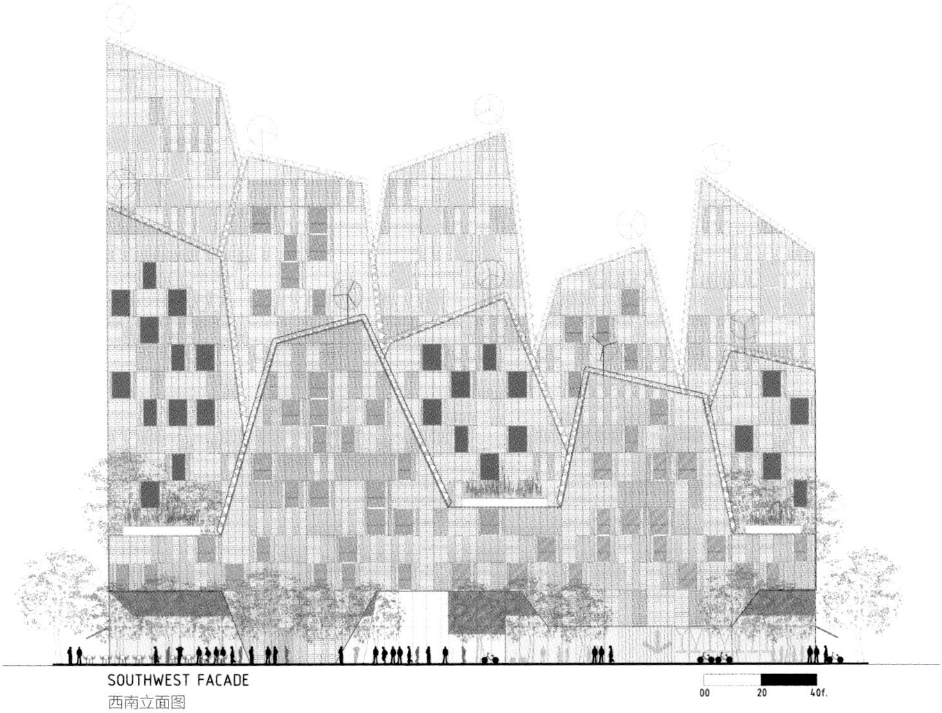

SOUTHWEST FACADE
西南立面图

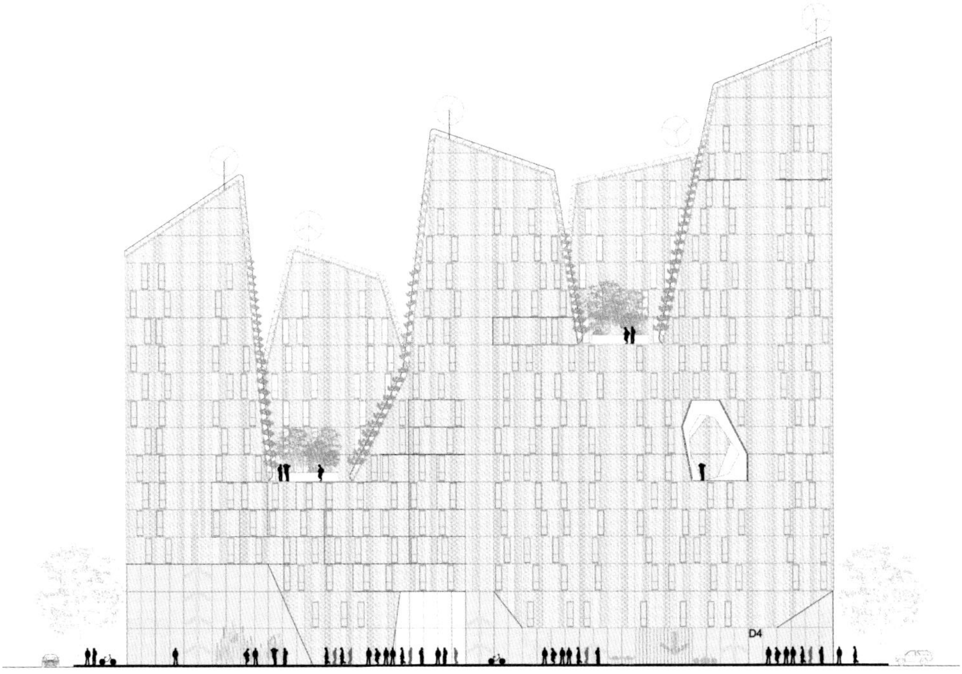

NORTHWEST FACADE
西北立面图

废弃物处理

废弃物是一个问题也是提供了一个机会。首先要尽可能减少浪费，当地商店应出售不需长途运输的本地产品，尽量减少外包装用量。本地的商店以及具有创造性的制造商也非常重要，可以利用废弃物作为建筑材料，并减少其负面影响。有机废弃物将在本地堆肥，并用作农业肥料。

GIVING SHAPE
造型

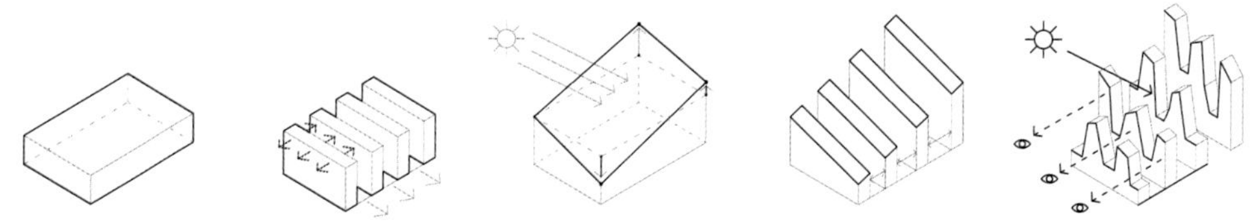

项目体块
传统的城市建筑体块都是沿街布置，这导致了两个问题，一是整个城市的空间过于单一，二是不能最大程度的拥有阳光和通风。

切片式体块
把一个大块分成四份，中间便有了公共空间，还为每一个体块创造了一个南向和北向的立面。

变形体块
进一步最大限度地获得阳光，体块被一个斜面截切，低点在南向，高点在北向。

优化体块之间的距离
各个体块之间的距离是不同的，北面体块之间的距离更远，因为北面体块更高。

错落定型体块
前面较低的体块和后面较高的体块对齐，将能获得更好的视觉景观和更少的干扰，这看上去很像模拟群山，创造了多样性，有利于社区生活的组织。

URBAN STRATEGY
城市策略

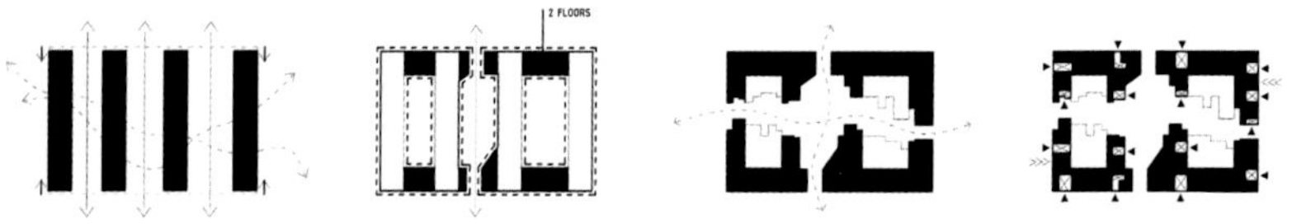

传统体块
传统的城市体块提供奶粉了绝对私密的空间，而缺乏半公共空间和外来人口活动的动态空间。

切片式体块
把一个体块分成四份，便有了三条内部的街道，如果把四个体块内部贯通，将形成街道的连续性。

分化的公共空间
变化内部街道的地面层平面，将产生三条不同的街道，南向的天井使冬天更舒适，连接两个体块的内街，北向天井和放热器，使夏天更舒适。

连续的公共空间
建筑的一、二、三层不同程度的开放将使公共空间连续，流动的空间可便于骑车和步行，这种网格式体块可自由发展城市的规模。

混合利用的项目
社交的重要性会使内部空间变得重要，它能提高商业。使居住和工作空间相对开放，它还能增强安全和促使人们偶遇。

ENERGY STRATEGY
能源策略

带状建筑分布
倾斜建筑的总表面积比其所占空间大很多，比表面积大，可用于农业生产。
在屋面的“斜谷”中种植有一些树木和一些昂贵的植物。
在屋面的高处收集着太阳能、风能，增加了屋顶的热容和隔热性。

西南立面
在大部分保温外墙上都富有太阳能电池板，最大程度地减少建筑的必要能源消耗。

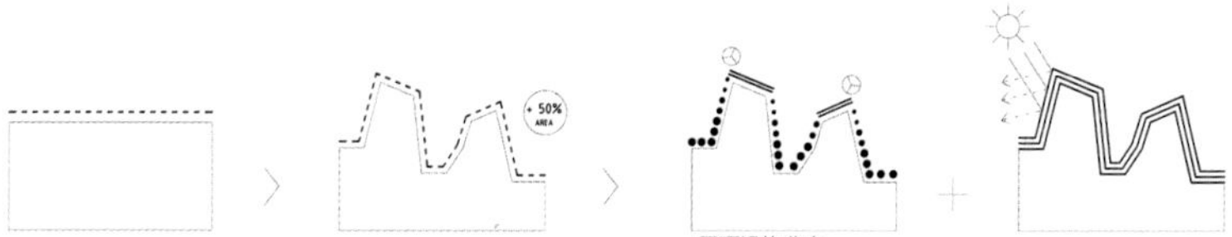

水平屋顶

山形屋顶

屋顶设施分布
绿地
水加热
小型风力发电

绿地和储水设备增加了屋顶的隔热性能

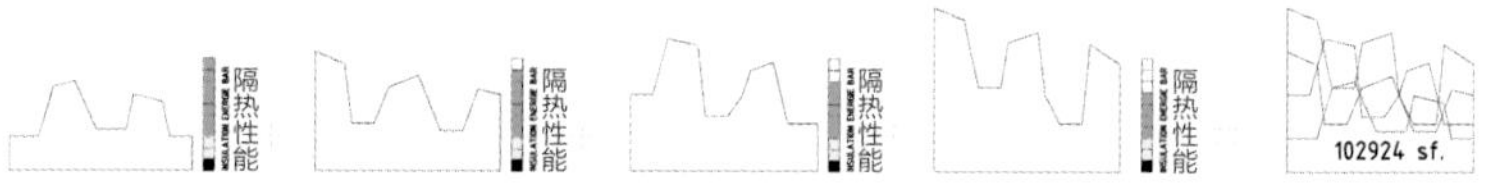

A 座　B 座　C 座　D 座　102924 平方英尺

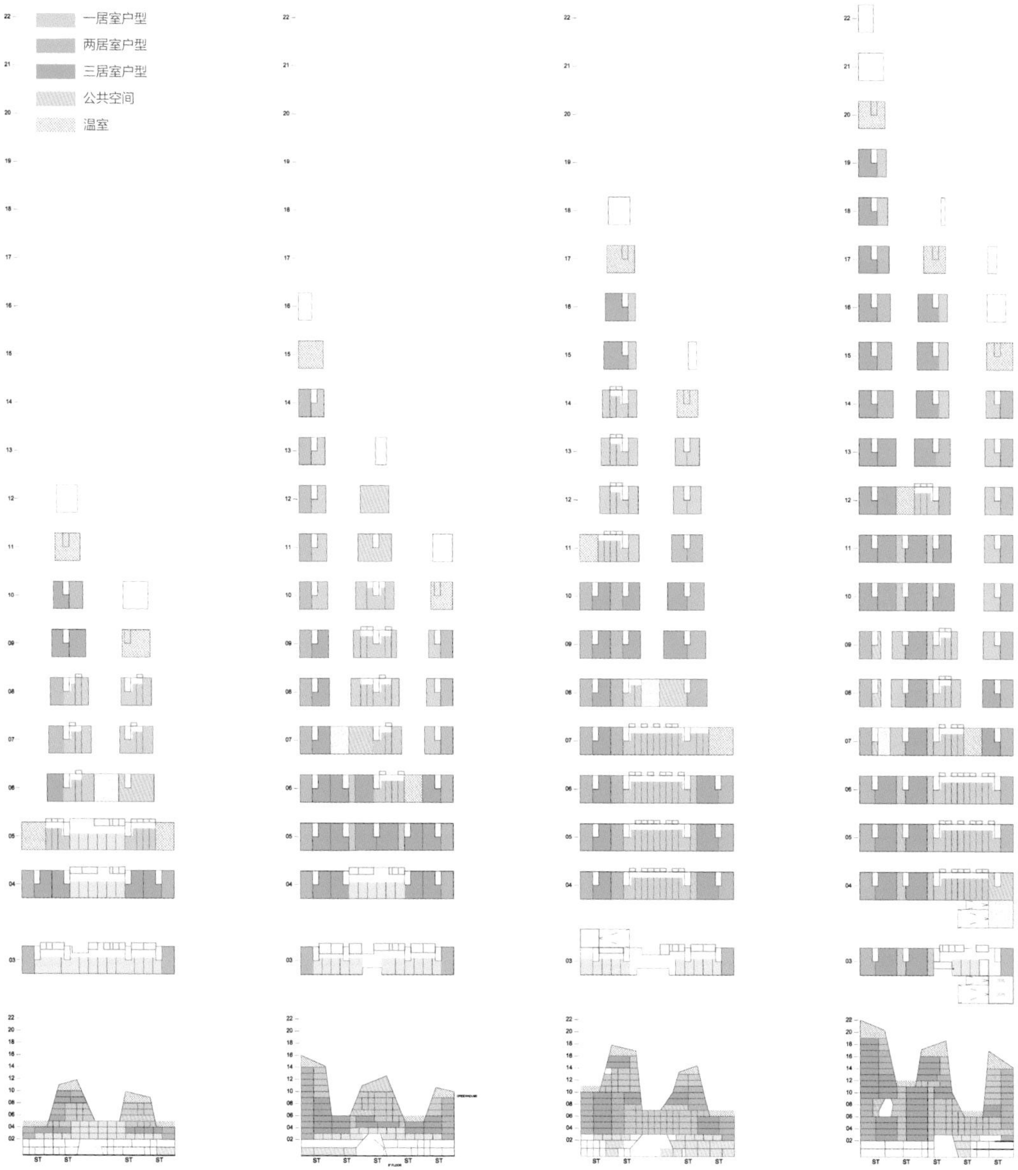

户型分析图

中新天津生态城南部次中心地下空间

Center of Undergrond Space in South of the Tianjin Eco-ci

鸟瞰

项目概况
项目位置： 天津 · 滨海新区
建设单位： 中新天津生态城管理委员会建设局
设计规模： 9.68 公顷
设计内容： 城市设计

透视

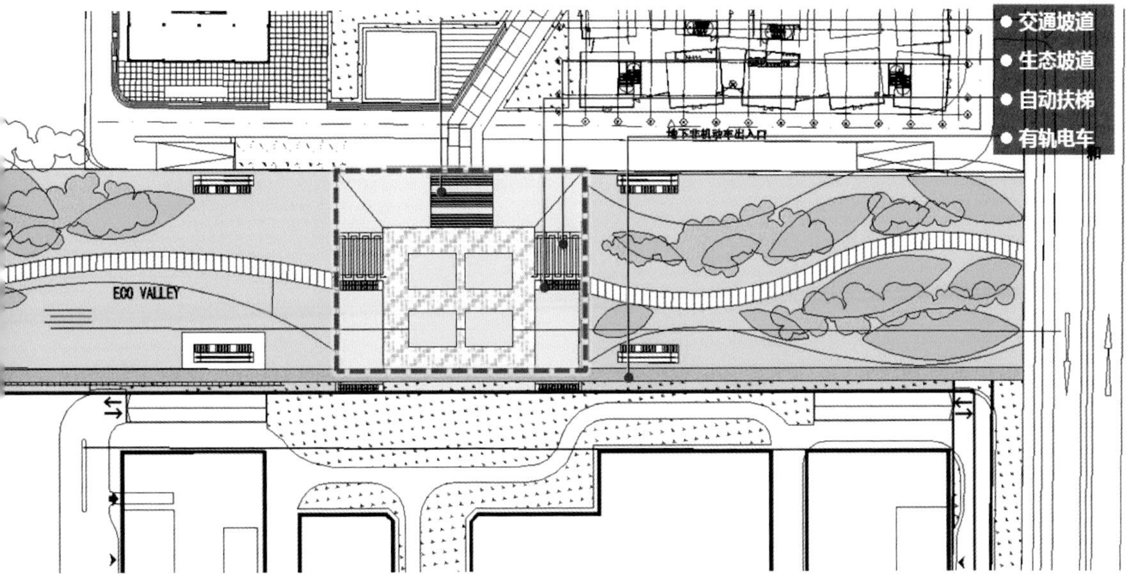

总平面图

中新天津生态城南部次中心地下空间导则主要针对天房、保利、吉宝三家开发商在南部次中心公共建筑设计中产生的问题进行编制，在城市层面提供多家共同开发的地面地下综合交通解决方案。

导则从地下空间开发效率、交通流线组织、区域景观节点等多方面提出了协调建设的建议。通过在生态谷设置下沉广场的方式综合解决人行系统与有轨交通的交叉，并使之成为慢行商业空间的城市客厅。

导则保证了南部次中心公共建筑开发的整体性和多层次交通流线的通畅，同时也为生态城类似地块地下空间的设计提供了技术上的准则。

创新岛屿
Innovation Island

项目概况
项目位置：西班牙 · 阿斯图里亚斯 · 阿维莱斯
委托方：La Isla de la Innovaci ó n SA
建筑师：Taller de ideas
规划、工程：Arup
可持续策略：Arup
合作方：Ideas Workshop
摄影：Taller de Ideas，Arup，Tecnia

剖透视图 © Taller de Ideas/Arup/Tec

Taller de Ideas/Arup/Tecnia

novation Island 是一个非常具有前景的项目，西班牙阿
莱斯的海滨将伴随这个城镇规划的进程焕发新的生机。
个港口经历了 50 年的工业发展，如今新的规划项目的
标是对方圆 50 公顷土地的自然和社会经济布局进行重
整合。

© Taller de Ideas/Arup/Tecnia

可持续设计策略

项目最初只限于建造奥斯卡涅弥亚文化中心，后来项目的范围扩大了很多，包括了其他地块的开发。

奥雅纳负责工程施工和可持续设计策略，将“灵活性（mobility）”作为规划的核心原则之一。规划设计为步行者和骑自行车的人们提供了活动空间，同时在岛屿和城市之间建立起了快捷、高效、经济的交通系统。

可持续性规划包括为维护当地居民的利益而节省开支，节约能源提高效率，提升水质以及修缮河岸。

© Taller de Ideas/Arup/Tecnia

© Taller de Ideas/Arup/Tecnia

) Taller de Ideas/Arup/Tecnia

) Taller de Ideas/Arup/Tecnia

综合基础设施

建设工程将与一个铁路及公路综合工程同时展开，还将兴修一条运河，将阿维莱斯与周边的工业地区分离开来，使阿维莱斯形成独特的景观特色。项目将修建具有混合功能的居住设施，包括住宅公寓、宾馆饭店、办公空间、购物中心、展览馆和会议中心。将修建一条运动步道，人们可以在此休憩闲游。还将修建一座名为“美国宫”的建筑，用来纪念阿斯图里亚斯当地的移民历史。

此项规划将创造一个富裕、充满活力和动感的地区，将奥维耶多——阿维莱斯三角洲地区变成一个卓越发展的欧洲城市。

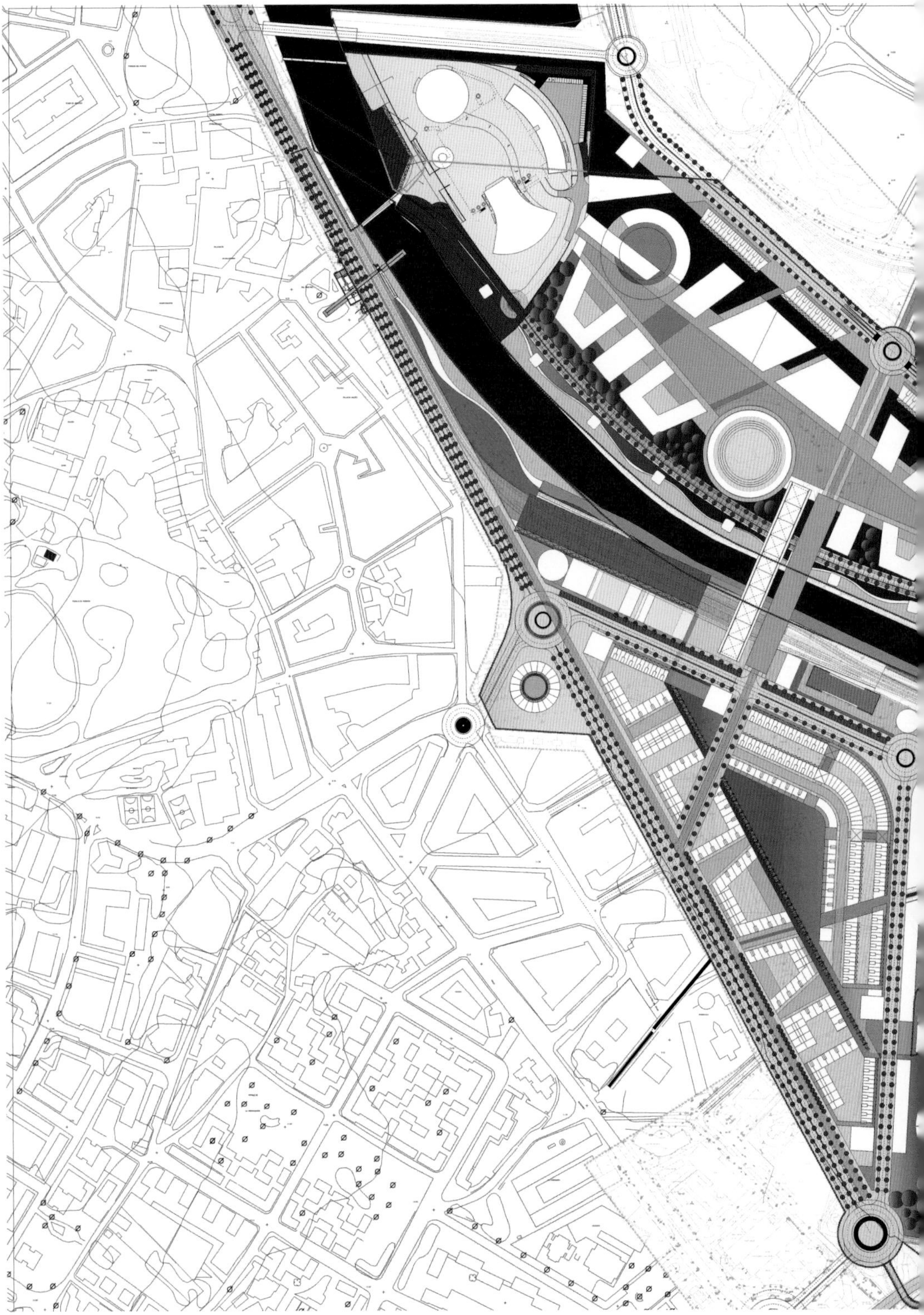

© Taller de Ideas/Arup/Tecnia

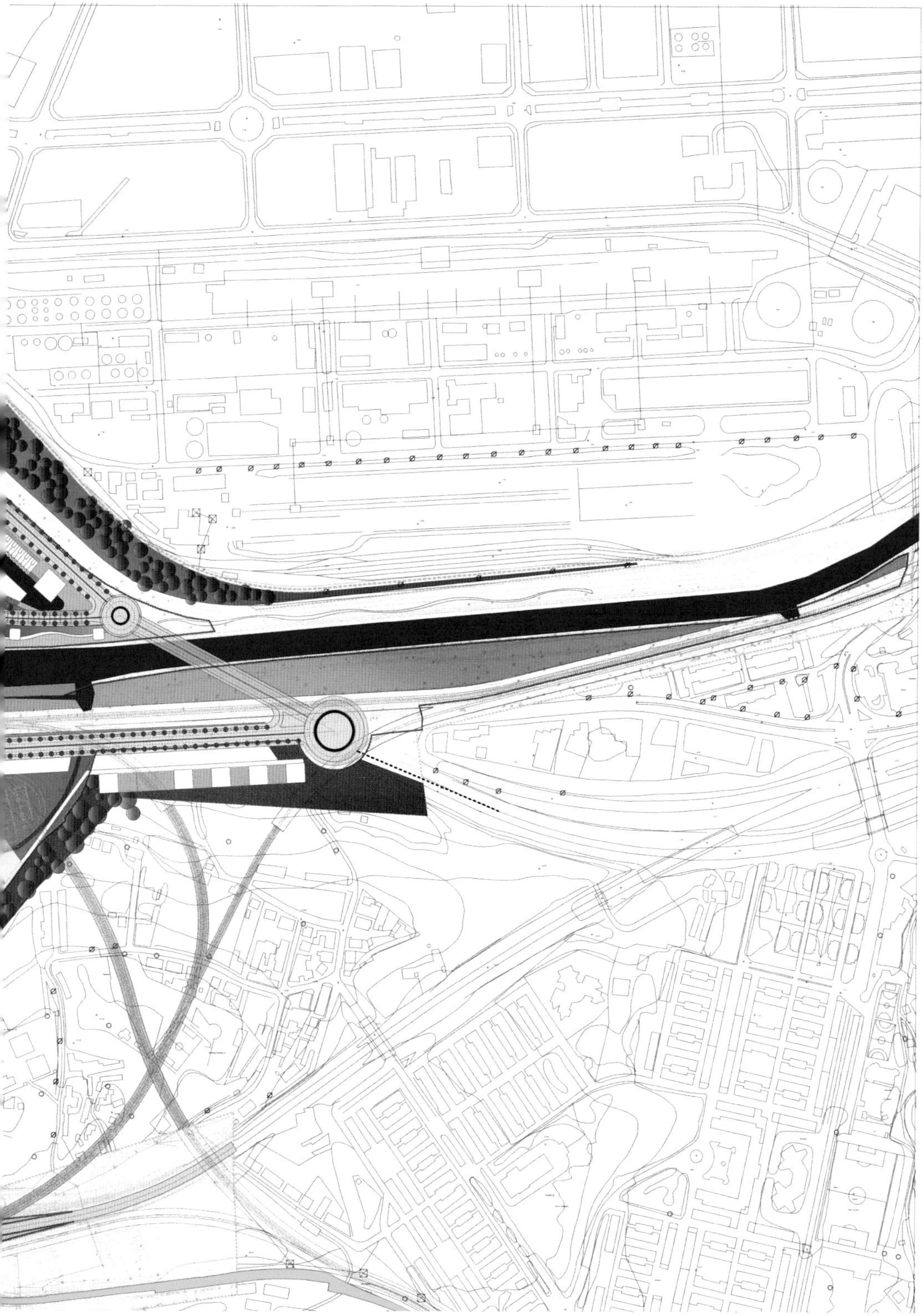

总平面图

薰衣草湾
Lavender Bay

透视

项目概况
基地范围：豪华度假酒店，300 公顷，面向一个 2 千米长的海滩
地点：希腊 · 色萨利

这个生态的度假村的设计包括五星级 Kempinski 饭店、品牌酒店、码头、小镇中心、海滩俱乐部、高尔夫俱乐部和各种豪华住宅。

透视图

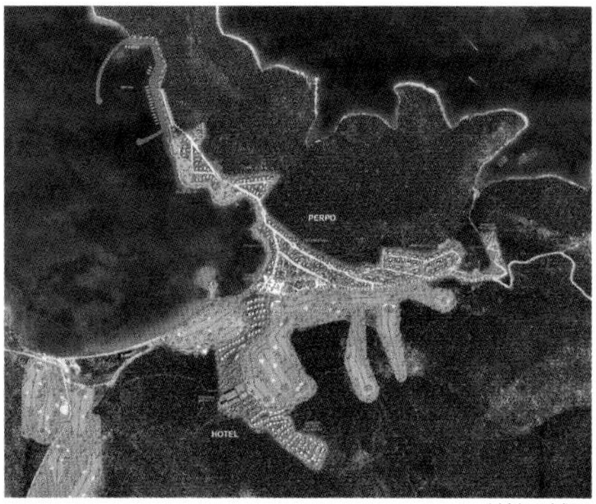

基地区域图

透视图

薰衣草湾总体规划是建立在对自然环境的尊重上，寻求建立与土地的紧密关系。自然形态的度假村延长于森林和海洋之间。在总体规划中，滨水的步行道连接着城里居住区和酒店，提供了一个通往考古遗址和城镇中心的入口。城镇规划被设计成最小的环境影响和最大的感官效果。一个小村庄，路线遵循着土地的自然轮廓，最后在中心聚集。住宅基于简单的形式，经济的构造，从外到内融入大量景观用来和谐的过渡。材料与施工方法也同样简单，代表当地的建筑技术、工艺和文化。面对大海，酒店设计融合了简单的公共空间和宁静地自然环境。薰衣草湾度假村与自然景观的共生关系，是为了纪念当地文化，成为一个世界级的度假胜地。

透视图

透视图

渔村
FISHING VILLAGE
BEACH VILLAS
海滩别墅区
山景别墅区
HILLSIDE VILLAS
市区别墅区
TOWN VILLAS
市中心
TOWN
CENTER
葡萄园别墅区
VINEYARD VILLAS
薰衣草园别墅区
LAVENDER
FIELD VILLAS

薰衣草湾区域图

室内透视图

住宅区局部总平面图

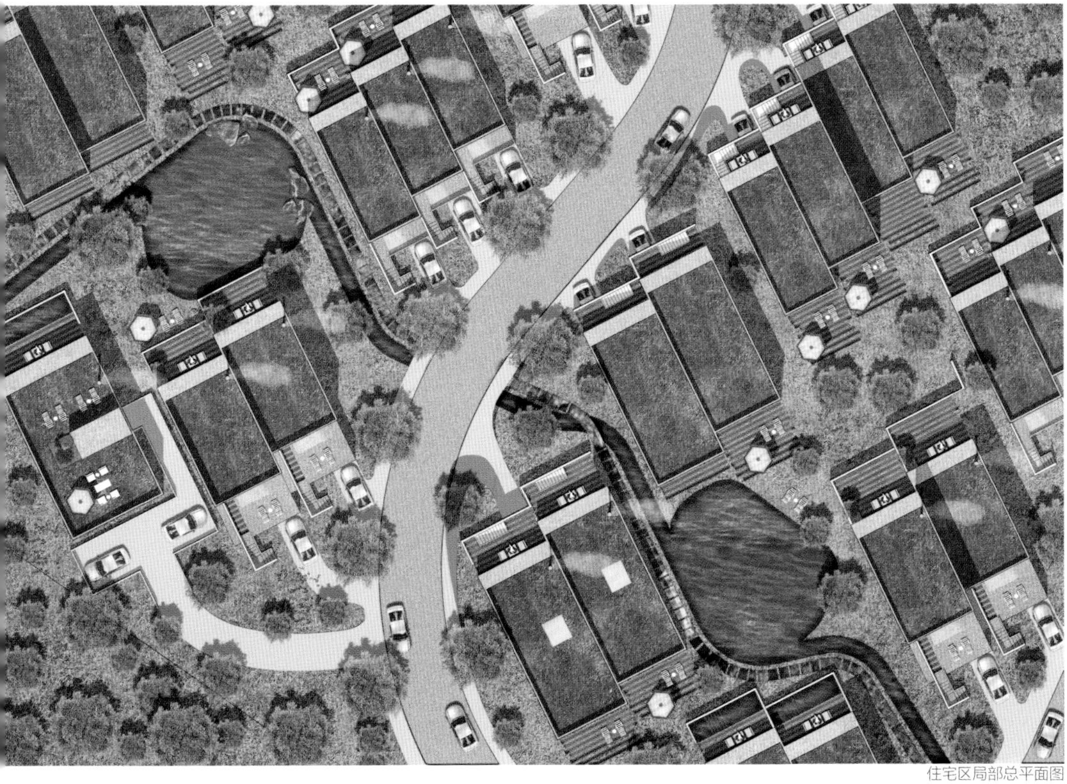

住宅区局部总平面图

SGBC 社区
SGBC Community

鸟瞰

项目概况
面积：600000 平方米
项目内容：总体规划，包括：住区、办公、商业、宾馆、公共设施、体育设施及公园
委托方：私人
占地面积：200000 平方米
容积率：3
建筑密度：30%
绿化率：35%
最大高度：100 米
建筑总面积：600000 平方米
公园面积：70000 平方米
停车面积：150000 平方米

鸟瞰图

GREEN 绿色

SGBC 社区本身就是一个公园。一个 55000 平方米的绿化带确保了整个园区可以远离从公路和铁路传来的噪音，同时提供新型的城市公共空间供广大市民休憩。所有的公共活动、运动、露天电影、青少年和老年人中心、图书馆，都将涵盖在这个巨大的公园内部。院落的几何形态更可以在每栋建筑内部提供大片的相对私密的共享花园，有利于空气的对流和每个房间对景观的视觉享受。同时，在建筑的屋顶也将设置大片的屋顶花园。花园将有助于净化空气和水质，为在城市中生活的人们提供一个返璞归真的生活环境。

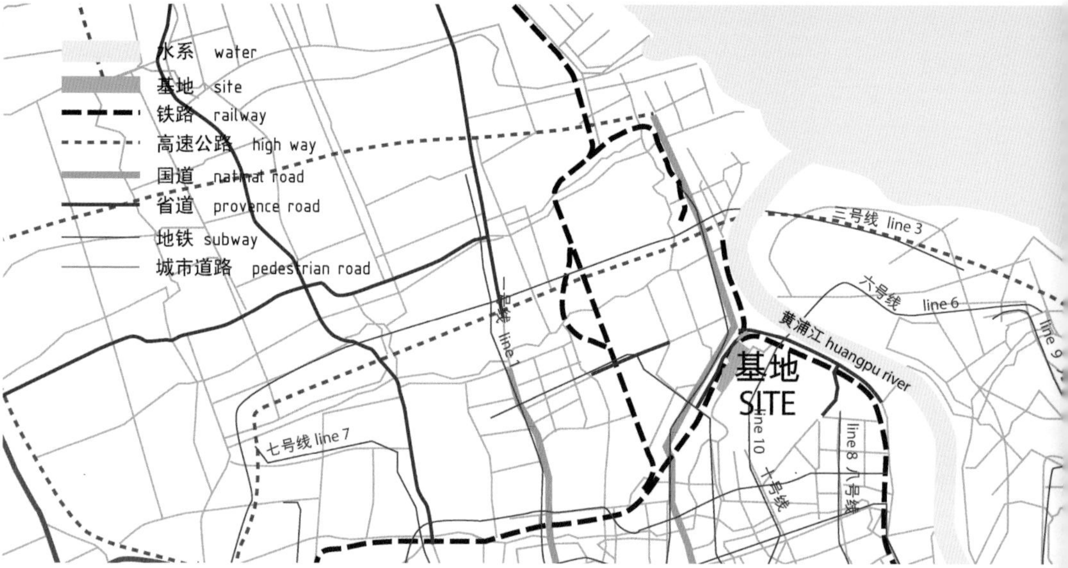

基地区域分析图

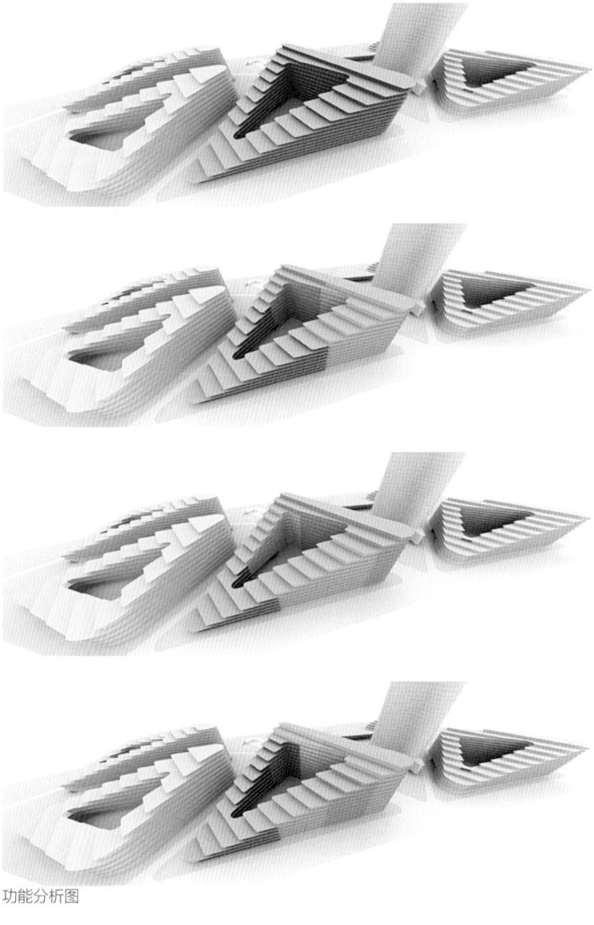

功能分析图

可持续性

新城的开发有责任去创造一个良好的居住环境以达对自然的尊重。SGBC 社区希望成为可持续计的典范。从总体规划设计来看，建筑的形态主是考虑用以引导盛行风更多地经过本基地，经过筑的悬臂式露台以及立面上的通风系统，我们需考虑每一个设计的细节以保证其可持续水平。新开发将通过夏季的被动加热、保温，冬季地热自冷却能源来确保建筑的低能耗。院落几何形态使们增加了自然采光，以节省人工照明。由大量植覆盖的屋顶花园将帮助收集雨水以促进其再利用人行流线以网状遍布于整个基地，同时加强了基内部的相互交流以及其于城市公共交通系统的系，而且有助于减少私家车的使用。光伏板还可于建筑外立面，屋顶和花园。在基地的东北一侧我们设置了一个净水池和一个风力发电公园，用整个基地的污水净化和能源供给。可持续发展将为衡量开发是否成功的重要标志。

鸟瞰图

商务

一种新型社区的建筑形态是开发是否成功的标志。基地内的每个区块的设计是为了增强每个区块之间的相互联系，圆形转角的三角形网络可以大幅度增加每个单体建筑的外露面，也就是平常所说的商业面，在消费者有限的视野内提供更多的建筑透视角度，大大提高了建筑的商业附加值。有庭院的建筑可以很容易地根据使用要求被分割成若干小的建筑单元，双侧的平面布置方式为办公和居住的人们提供了范围更广的选择，并且提供了杜绝北向的可能性，并为每个单元提供了充足的自然光线。建筑的一层将成为商业零售店，提高基地内部的商业价值和各个区块间的相互联系，并且行人可以享受到充足的树阴和广场上喷泉提供的凉爽。我们要创建一个活跃的社区，一个充满活力的城市，商务和零售可以共存的城市。整个城市设计和建筑设计的重点就聚焦于如何创造一个新的城市类型。

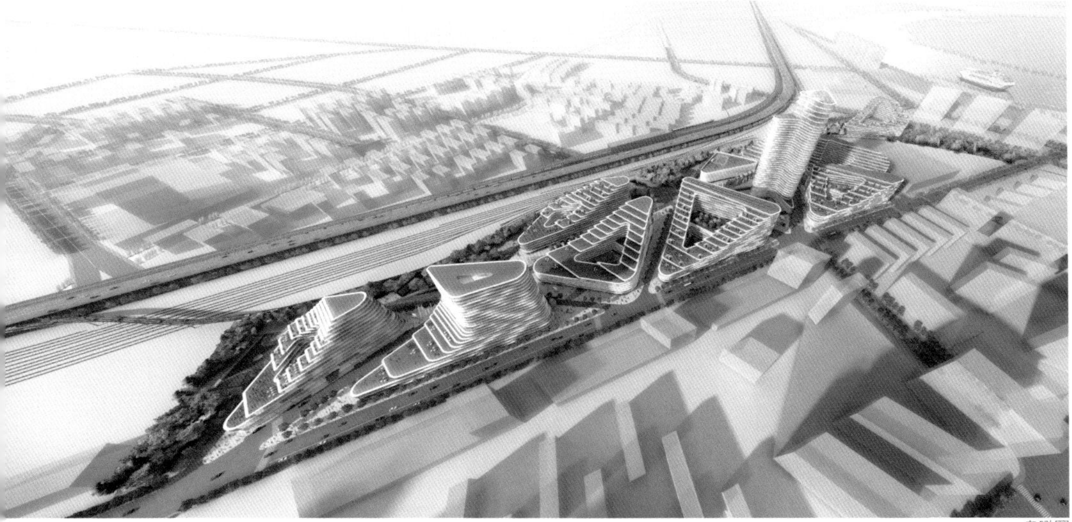

鸟瞰图

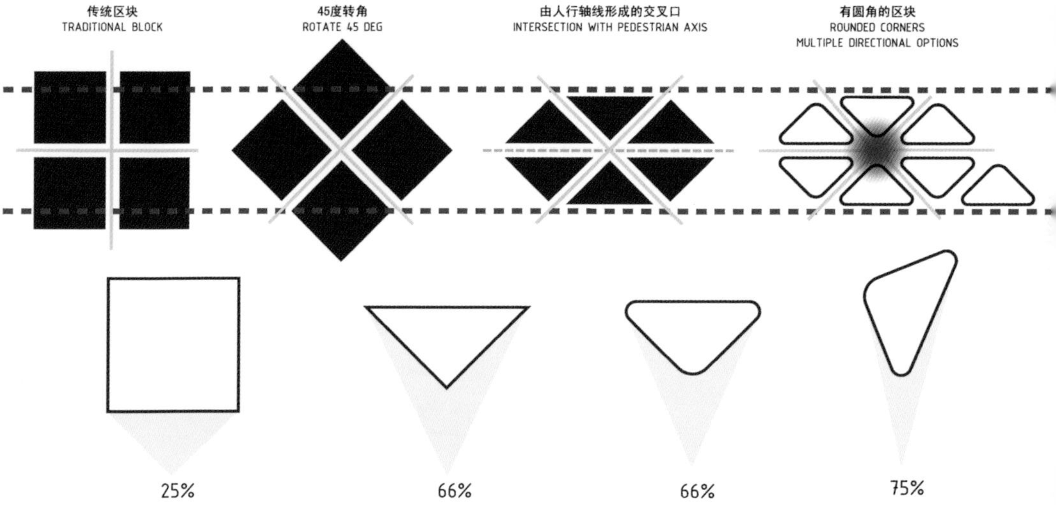
传统区块
TRADITIONAL BLOCK
45度转角
ROTATE 45 DEG
由人行轴线形成的交叉口
INTERSECTION WITH PEDESTRIAN AXIS
有圆角的区块
ROUNDED CORNERS
MULTIPLE DIRECTIONAL OPTIONS
25%
66%
66%
75%

概念生成图

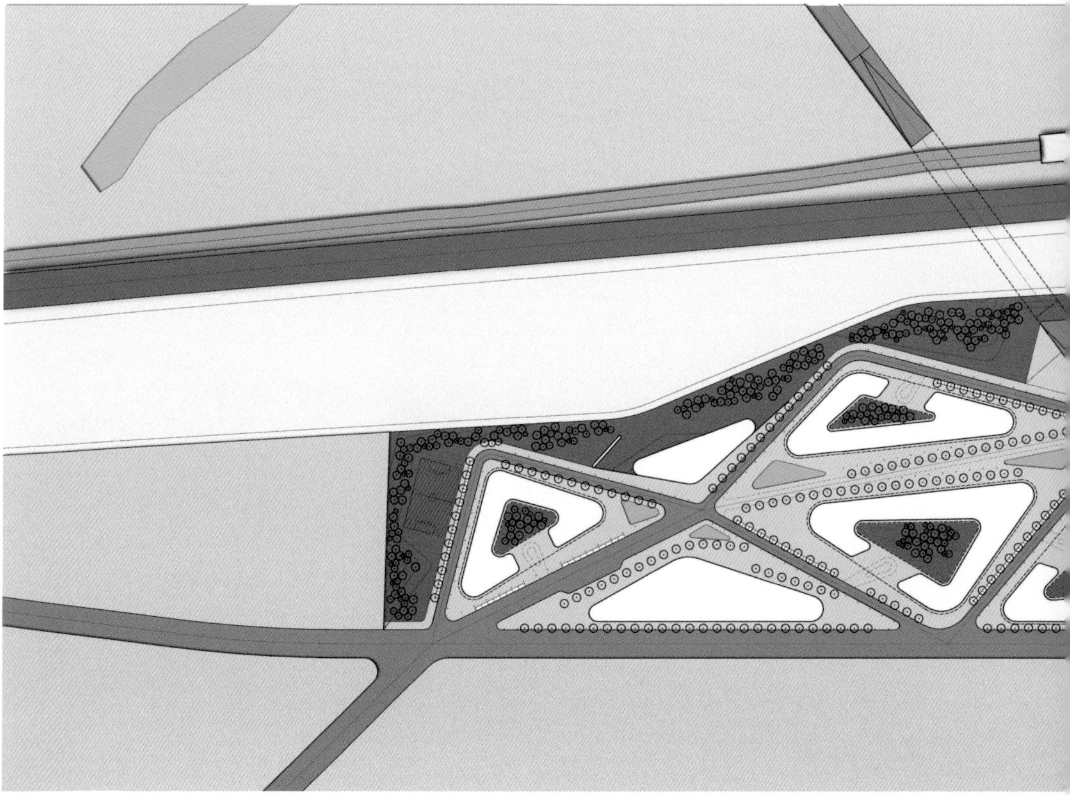

总平面图

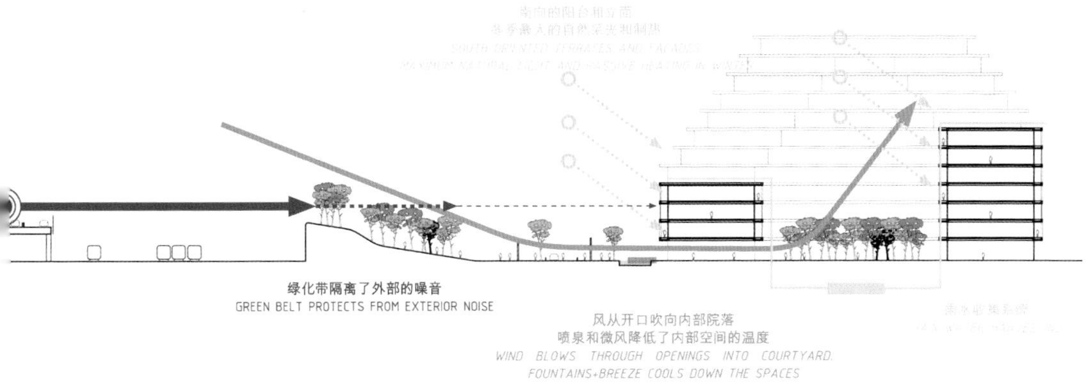

绿化带隔离了外部的噪音
GREEN BELT PROTECTS FROM EXTERIOR NOISE
风从开口吹向内部院落
喷泉和微风降低了内部空间的温度
WIND BLOWS THROUGH OPENINGS INTO COURTYARD.
FOUNTAINS+BREEZE COOLS DOWN THE SPACES

生态分析图

文化

SGBC 社区的主要目的不仅是要为租赁者提供文化交流和活动的场所，更是要吸引世界各地的目光交汇于此。本项目基地过去的港口和物流站的历史，使我们思考如何保留现货的历史，并且通过展览空间来展示黄浦江是如何成为上海重要的经济中心的历程。我们建议建造一栋可以作为当地地标的塔楼，并在其顶层设置博物馆。博物馆的主题可以是灵活的用以适应不同的用途，我们的建议是建立以黄浦江为主题的博物馆。塔楼顶部的视角和交互式的展览将吸引众多市民进行参观和互动，这将会是一次让人耳目一新的视觉盛宴。

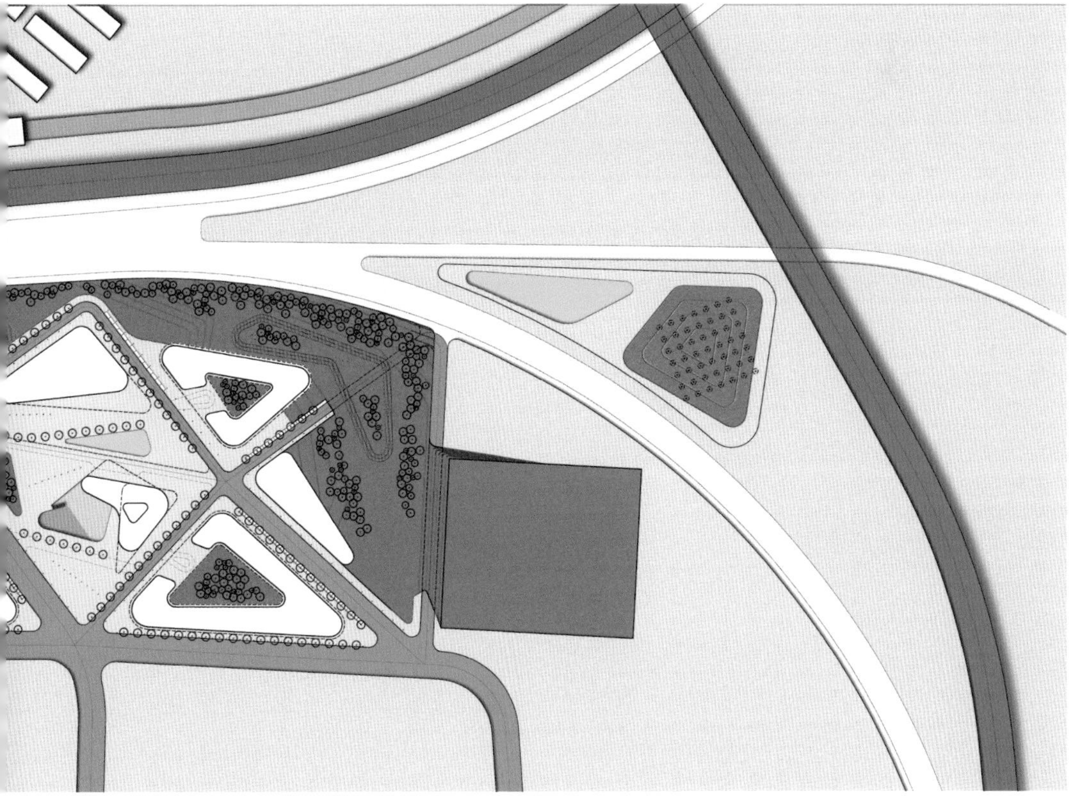

上海虹桥低碳商务中心
Hongqiao Low Carbon Business Center

© SBA design

透视

项目概况
项目地点：中国上海
项目性质：城市空间开发
项目规模：总面积 1 4 平方千米
设计单位：SBA 设计事务所
主要功能：商业，办公，酒店，展览
项目类型：城市区域开发
服务类型：城市及低碳设计
能源概念：低碳设计（LCI, EEC）

) SBA design　透视图

项目位于中国东海岸最繁华的物流中心，营建如此规模的低碳工程尚属首次。低碳商务中心定义了可持续发展的城市设计、交通规划、建筑技术和能源利用。早在规划的初级阶段这些想法便已经开始产生、评估并且在总图设计中被运用。这些植入的目的性在规划的标准和指导原则中被定义，并且是和建筑师，能源和基础建设规划师、建筑技术专家、交通规划专家，景观建筑师以及规划局一起讨论并制定。

© SBA design　透视图

生态概念

项目地点位于上海最核心的城市发展区域之一。项目区域占地约 26 平方千米（位于总面积 86 平方千米的“虹桥开发区”）。新建商业区的总面积为 1.4 平方千米。新建的可供国内国际航班起降的上海虹桥机场和虹桥物流交通枢纽都临近这一区域。“虹桥商业区”作为次中心，为上海中心城区起到分散城市功能的作用，并成为国际商贸中心。

© SBA design

透视

因为项目位于上海城市的边缘地区，具有得天独厚的交通优势，并且与中国东部物流中心相连接，所以这片规划区域需要以高密度进行规划，同时需要一个清晰的可以被植入能源理念的城市自由空间。通过对此片区域的自我定义和推动公共空间最大化的调整，城市的总体空间序列由此产生。作为"都市的平台"本片区域在提供普通商务中心服务的同时也提供了城市的空间质量。

© SBA design

透视

通过研究、规划以及对“低碳区域”在城市规划、建筑及交通方面的可行性分析，这一区域的特点得以显现。而且这是一个可持续的节能城市发展计划。

项目的预期效果是，控制主要能源需求，减少二氧化碳排放（到 2020 年二氧化碳排放量减少 45%）。城市规划师的主要目标是通过参与相关研究项目《上海：针对可持续及节能城市发展、城市形态、交通、住房及人居的综合解决方法》（杜伊斯堡－埃森大学）来支持和推进这一进程。

“低碳指数”（LCI）是社会生态学理论中的一种重要指标（包含不同的要素，例如城市发展、网络环境、可再生能源利用等等）。

“节能控制器”（EEC）代表一种创新发展趋势。EEC 为论证和控制规划进程的效果提供了可能。根据“EEC- 原型”将对能量消耗和二氧化碳排放进行预测。

根据一项基于计算机检测的数据表明，每时每刻都需要对能源消耗进行控制。一种长期性的工具用来收集这些数据，为城市节能的发展提供支持。设在虹桥的“低碳最佳实践项目”将成为未来的指导方针，并适用于更多的可持续城市规划项目。

SBA design

透视图

SBA design

透视图

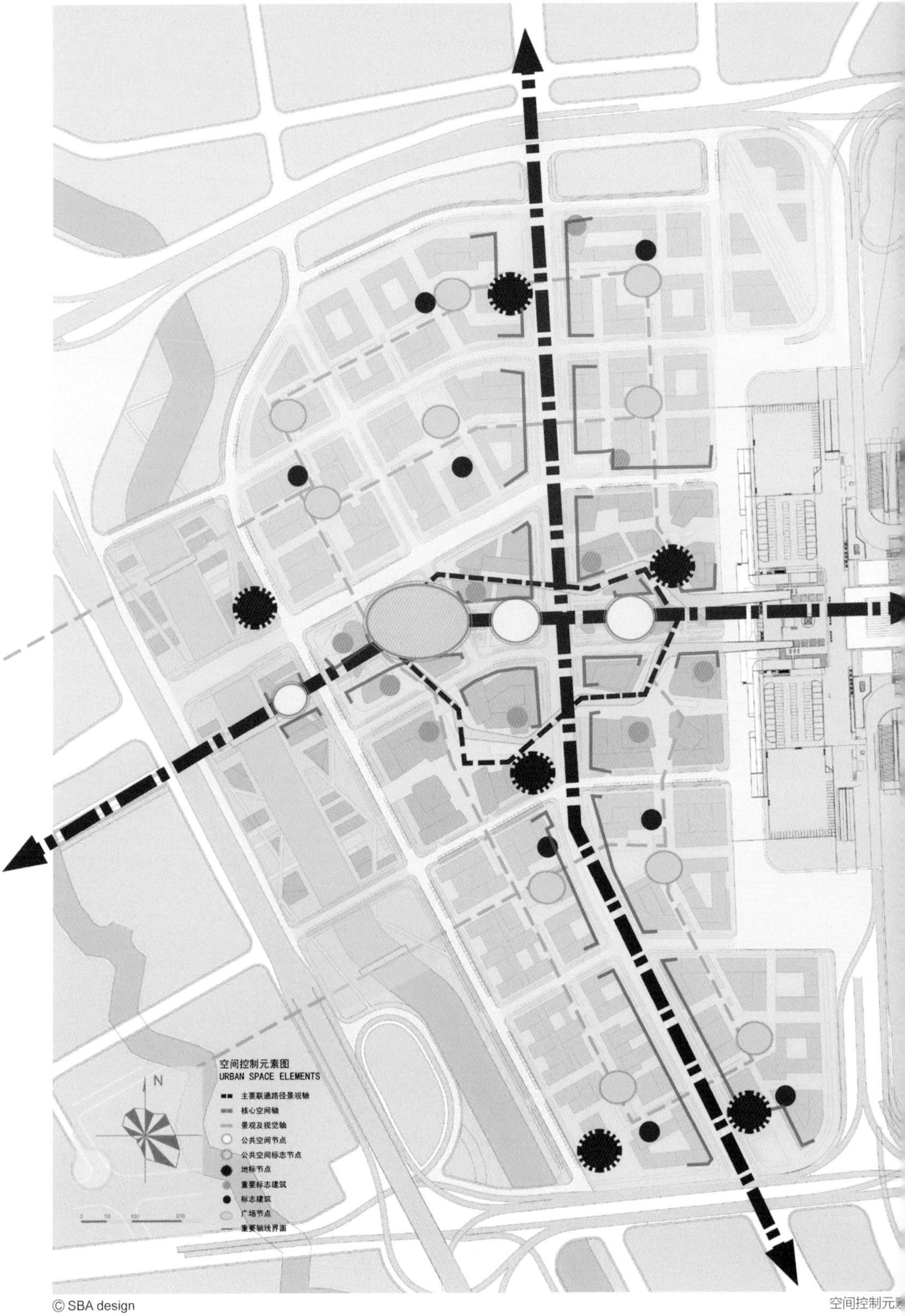

© SBA design

空间控制元素

空间控制元素图
URBAN SPACE ELEMENTS
主要联通路径景观轴
核心空间轴
景观及视觉轴
公共空间节点
公共空间标志节点
地标节点
重要标志建筑
标志建筑
广场节点
重要轴线界面

© SBA design
鸟瞰图

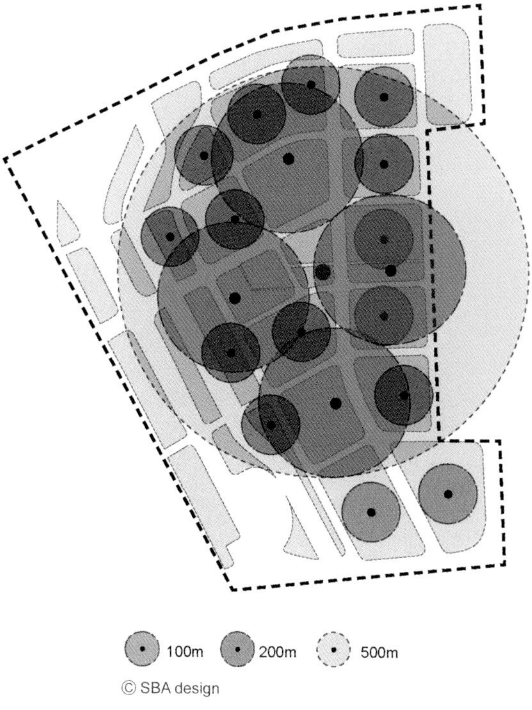

© SBA design

步行距离分析图

波尔图奥林匹克列岛
Porto Olimpico

鸟瞰

项目概况
设计： byn
主创： Nicolas SALTO DEL GIORGIO & Bittor SANCHEZ-MONASTERI
团队： Cecilia REICHSTUL, Francesc MONTOSA, Aki ZHU, ZI Qiong, SUN Jiaqiu, XIAO Kai & LI Min
景观： 无界景观工作室（View Unlimited Landscape Architecture）
位置： 巴西 · 里约热内卢
表现图： byn
面积： 830000 平方米
时间： 2011
项目内容： 总体规划，建筑及景观方案
委托方： 里约热内卢市政厅

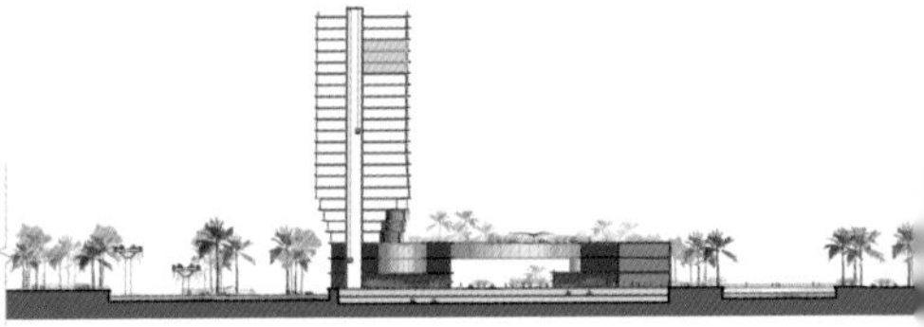

剖面图

透视图

剖面图

场地周围的现有道路系统在不同的高度叠加开发，将城市割裂为许多区域，使其成为仅供通过的地区。规划设计师提出了许多重要的改进措施以强化《波尔图马拉维利亚计划》，目的是加强这里与里约热内卢其他地区之间的可达性和连接性。西部的乐高文化中心，因一系列相互连接的建筑而闻名，成为一个城市著名的文化地标。这里有一个五星级酒店，两个礼堂，一个展览中心和一个会议中心，允许多个活动同时进行。马路佩德罗二世雕塑位于主入口引导人流前往主入口广场，对酒店和会议中心的人群进行分流，或者引导人们进入中心地区，那里的公共空间围绕一个中心池展开。

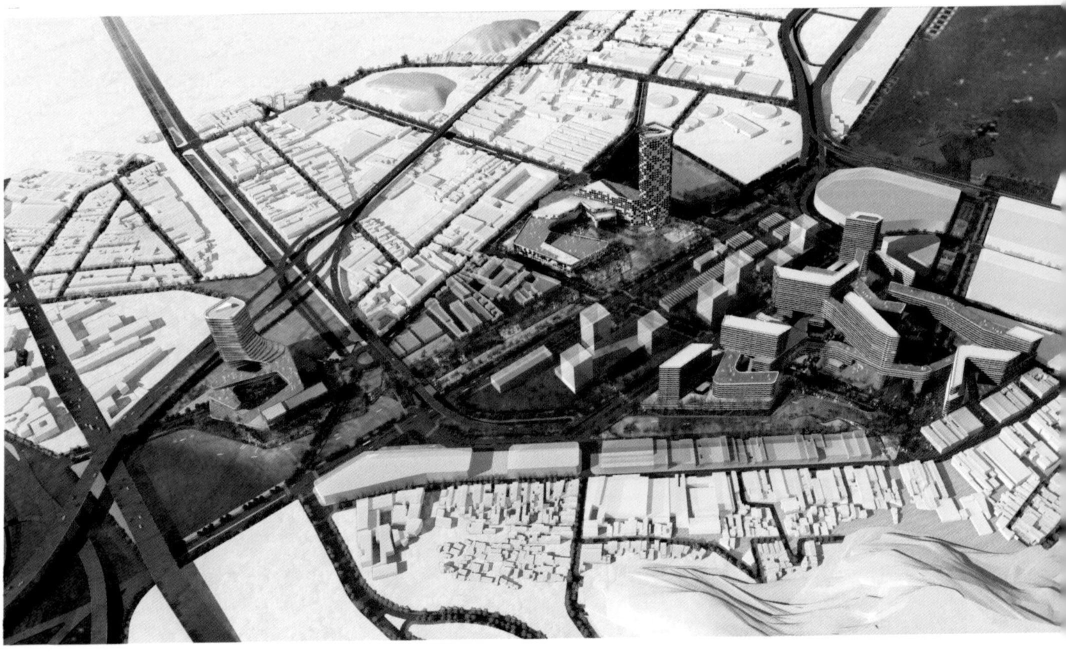

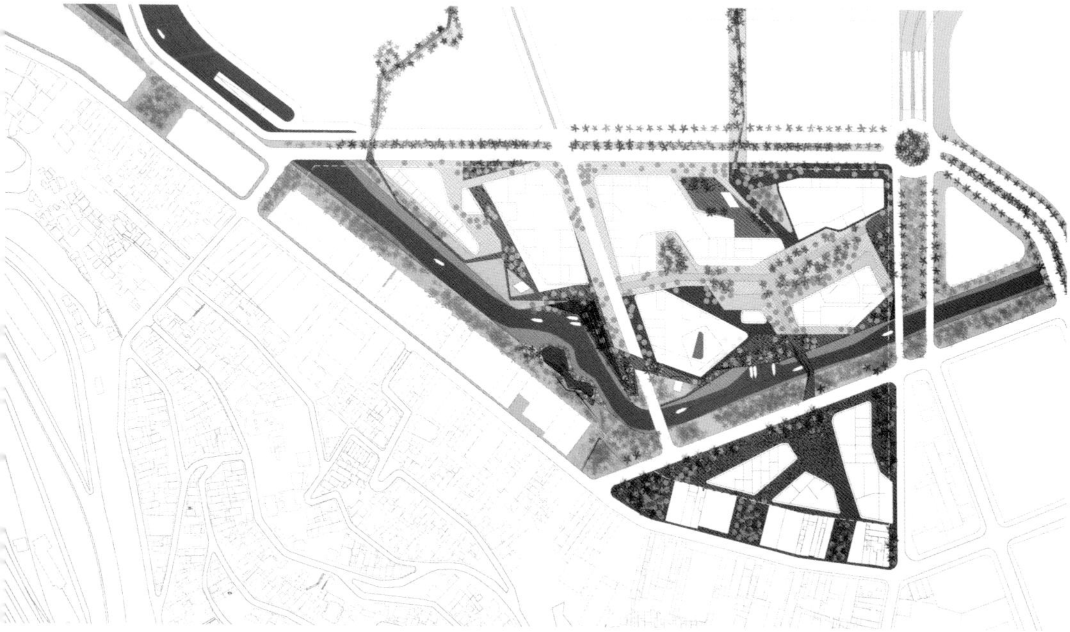

项目介绍

历史与未来：

政府修建里约热内卢中心区（政治中心、金融中心和社会资本中心）的决心与规划师重新发现城市的愿望相符合，城市中富有特色、具有潜力之处，现在隐没于仓库与海堤之间。

群岛：

就像里约热内卢的例子一样，盲目城市化导致了极端地形的形成，这里已经无法再排出暴雨雨水，造成极具破坏性的洪水。所以，规划师提出了兴建城市区块群岛的设想。该系统响应环境问题，并成为休闲和交通替代方案的一种新形式。始建于20世纪初的老Praia Formosa经过重新规划，重现港口发展历程，设置游泳池和公园。

周边现有道路系统有无数高架桥，侵吞着整个区域，使其成为

剖面图

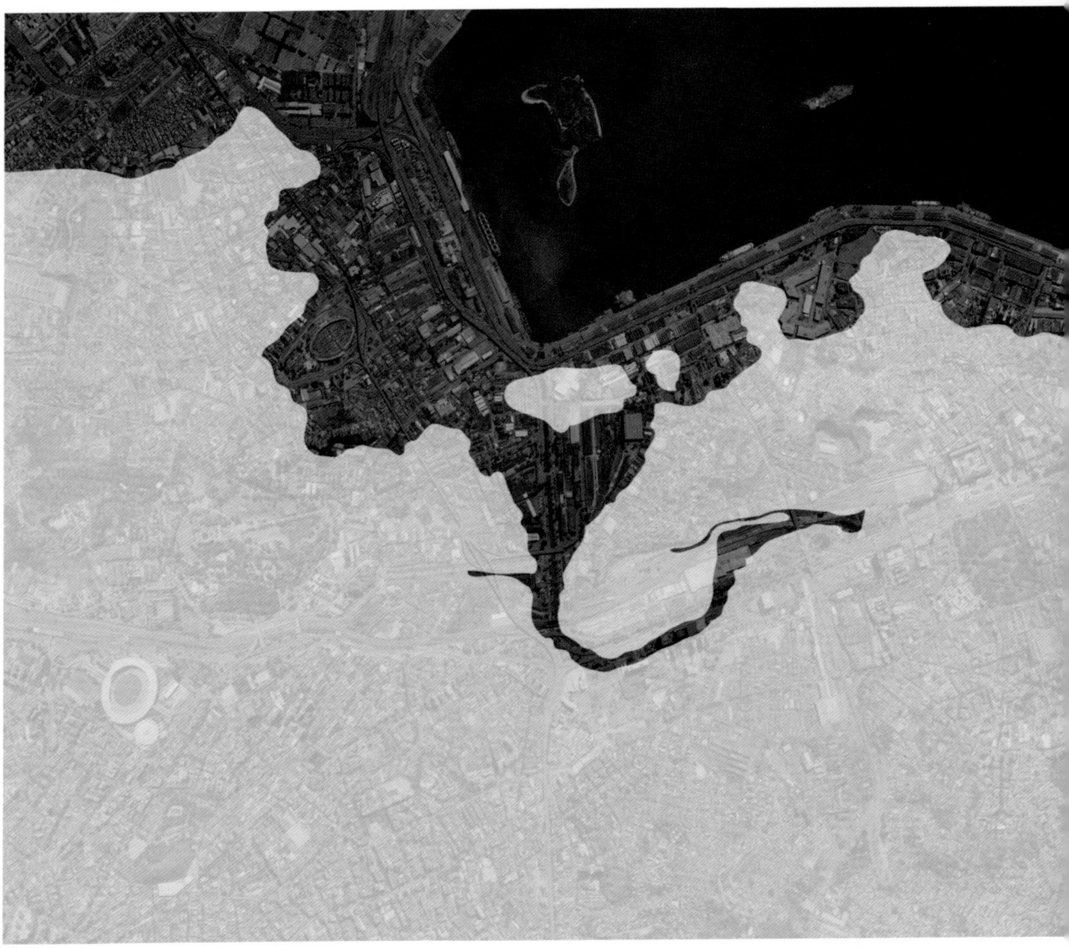

海洋线分析图

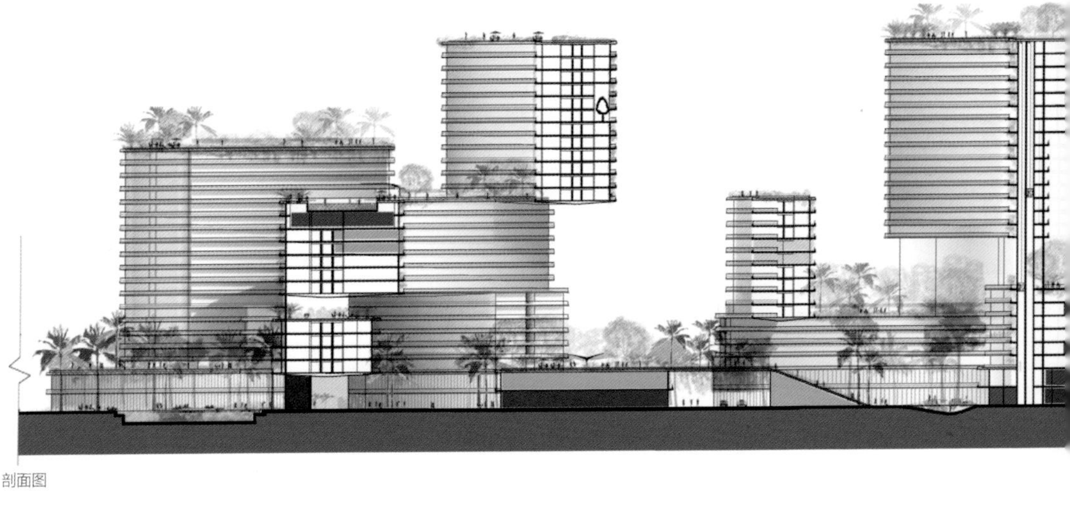

剖面图

仅供通过的地区。规划设计师提出了许多重要的改进措施以强化《波尔图马拉维利亚计划》，目的是加强这里与里约热内卢其他地区之间的可达性和连接性。

东部区域集中分布着住宅区项目，混合有公共设施和商业空间。规划遵循《波尔图马拉维利亚计划》中提出的城市规划，形成了一些区块。然而，决策者的初衷是创造一系列能够表达社区理念的建筑。因此，不同建筑物相互连接，形成了三组空间网络。

在看似随意的安排之中，建筑遵循覆盖所有楼层的规则网格排列，楼层旋转一周仍然能保持吻合，形成不规则的几何形状。第一、二层用于开展商业活动，并设有一些诸如学校、医疗中心或体育活动中心一类的城市设施，设置了一个户外商业门店街，同时贯穿内部楼层形成了私人化的环路。

这些建筑的高度都低于 Pedro Alves 大街已有的房屋，以使新旧建筑有机融合。居住区在此展开。三楼至十楼，住宅都为南北向，一侧临街，将海风引入。从第11层开始，改为东西向，保证对于大海和山脉的最佳观景效果。在低层楼宇的屋顶，设置开放区域，供居民使用。建筑远处的背景是山地，最低处为一条河流。

项目的景观结构设计灵感源自亚马逊河，是一个由液压系统、岛屿和种植行道树的街道网络构成的三维复合系统，激发城市活力。景观设计从公园延伸到建筑，增强了整体感和绿地覆盖率，使居民在室内与室外都享受愉悦的景观效果。

项目加宽了现有的运河，扩展了城市景观视野。项目选址处还设计了一套公共河运系统，为到达城市提供一种新的交通方式。由于里约热内卢全年降雨量较高，地表水经过收集也成为一种水源。

运河水与海水分离，以确保其干净适用于人类活动需要，促进植物生长。这一水系统创造了大大小小的岛屿，每个岛屿都设计了不同的建筑项目和景观措施。岛屿上开展的公共活动与市区中的多种活动保持同步。岛屿之间设计了公路网络，高大的树木提供阴凉，人们可进行各种户外休闲活动。这也有利于自行车和步行出行，推进低碳生活理念。

在运河系统中，规划设计者融入了“河中乘船旅行”体验。项目创造了绿树成荫的优美景观，提醒人们热爱自然，同时也没有失掉体现都市特色的景观。自然和人工元素的有机结合创造了一个和谐的局面。植物模仿亚马逊河的水中树林，户外泳池为人与自然之间的互动提供了更多机会。

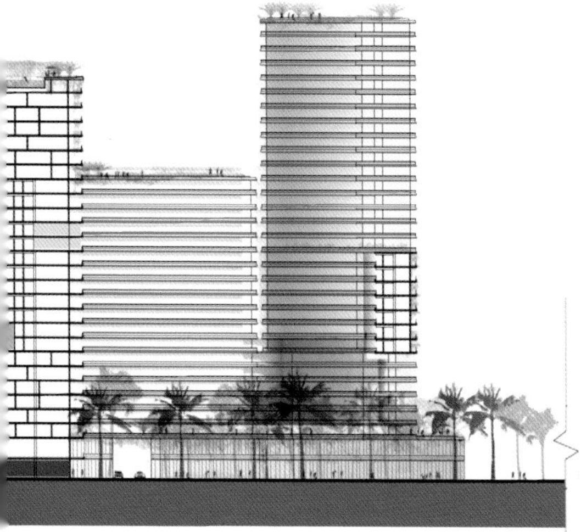

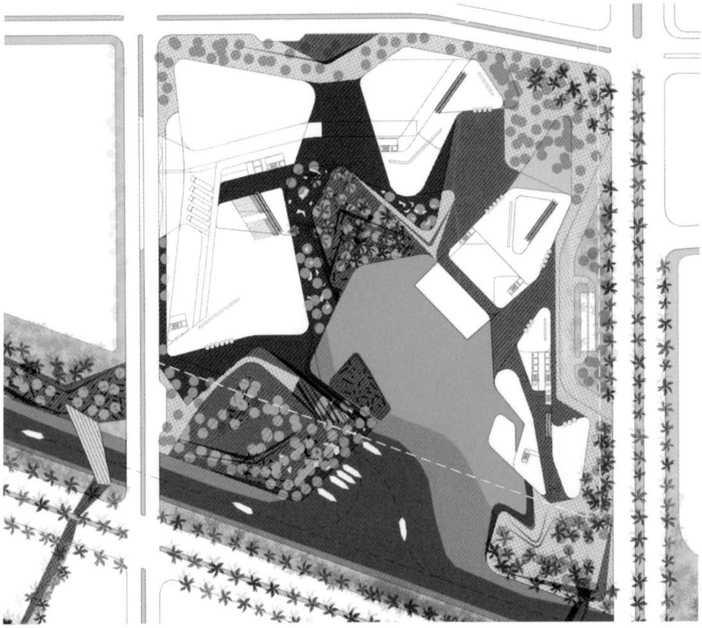

局部点平面图

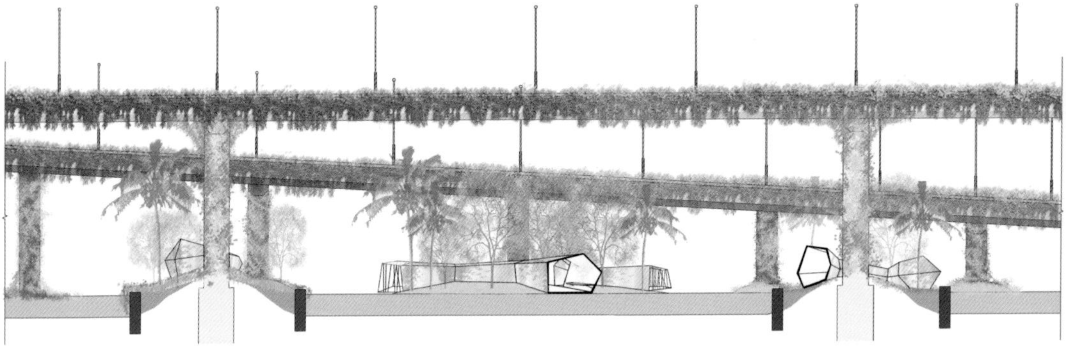

+

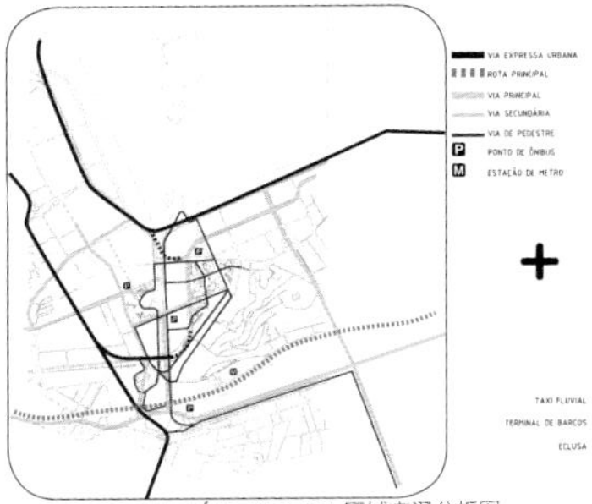

+

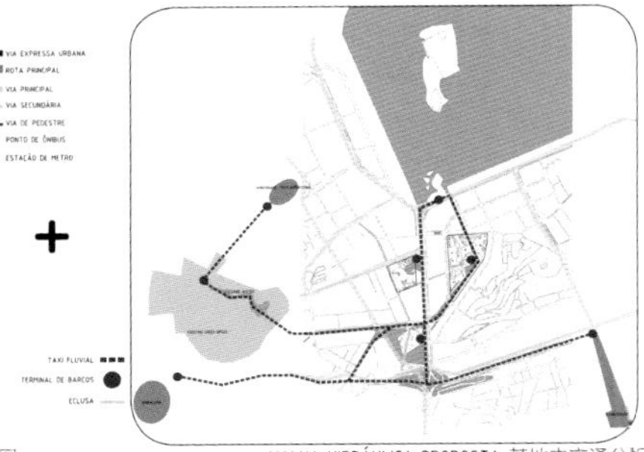

=

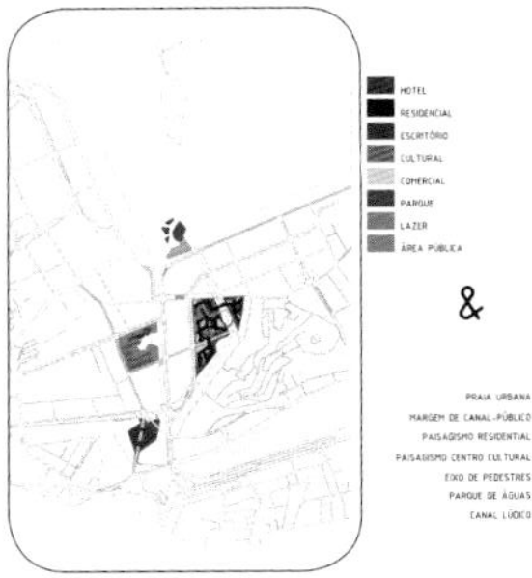

&

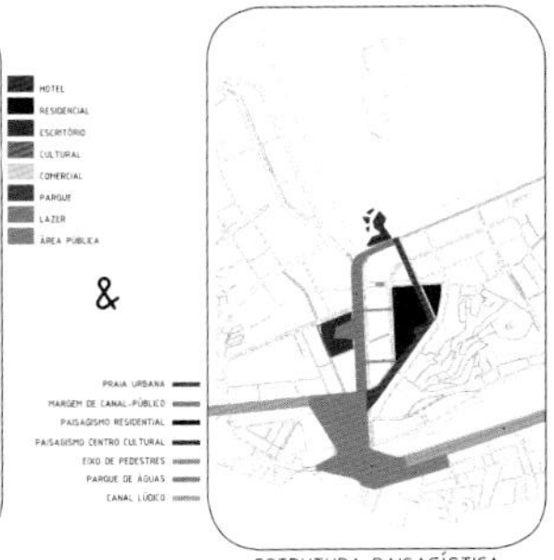

SITUAÇÃO EXISTENTE 基地现状

MALHA VIÁRIA PROPOSTA 区域交通分析图

SISTEMA VIÁRIO O sistema viário atual que cerca os terrenos é composto por inúmeros elevados que segregam a região, tornando-a mera área de passagem.
Algumas modificações importantes estão sendo propostas para reforçar o Projeto Porto Maravilha com o intuito de tornar o novo empreendimento mais acessível e desafogar a ligação da chegada da cidade com os demais bairros do Rio de Janeiro.

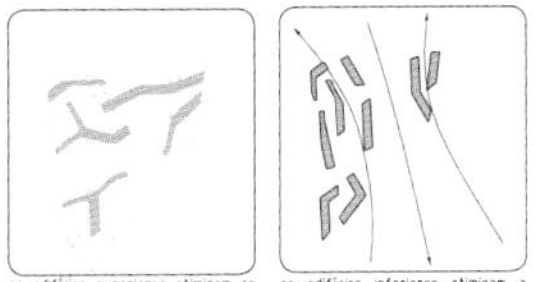

os edifícios superiores otimizam as vistas da paisagem e a orientação do sol.

os edifícios inferiores otimizam a circulação do vento N-S.

建筑平面与立面

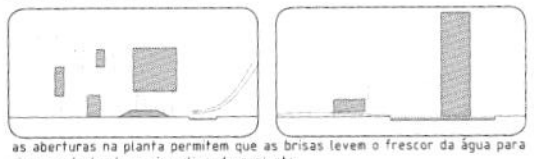

as aberturas na planta permitem que as brisas levem o frescor da água para cima, controlando o microclima do conjunto.

布局与风向风力分析图

FOTOS DE INUNDAÇÕES PRÉVIAS

SISTEMAS DE CONTROLE
水域原来与现在对比图

MALHA HIDRÁULICA PROPOSTA 基地内交通分析图

ÁREA DO SISTEMA HIDRÁULICO
243,000m2
CAPACIDADE DE ABSORÇÃO DO SISTEMA
364,000m3 de água

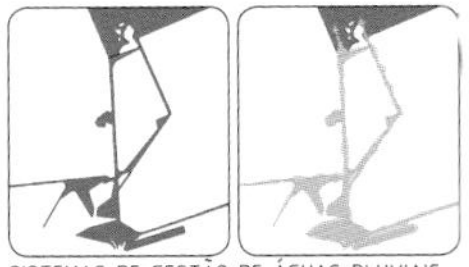

SISTEMAS DE GESTÃO DE ÁGUAS PLUVIAIS

水域分析

A SUBIDA DO SISTEMA HIDRÁULICO EM CASO DE TEMPESTADES, ABSORVIDA PELA GEOMETRIA DOS CANAIS E LAGOAS.
O SISTEMA PODE ABSORVER FACILMENTE UMA ELEVAÇÃO DE 1.5m E DESCARREGÁ-LA NO MAR ATRAVÉS DE UM SISTEMA DE ECLUSAS.

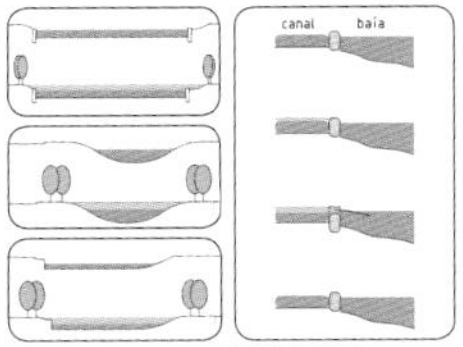

corte tipo canais

sistema de eclusas

USO DO SOLO
基地原有功能分析图

ESTRUTURA PAISAGÍSTICA
基地现状功能分析图

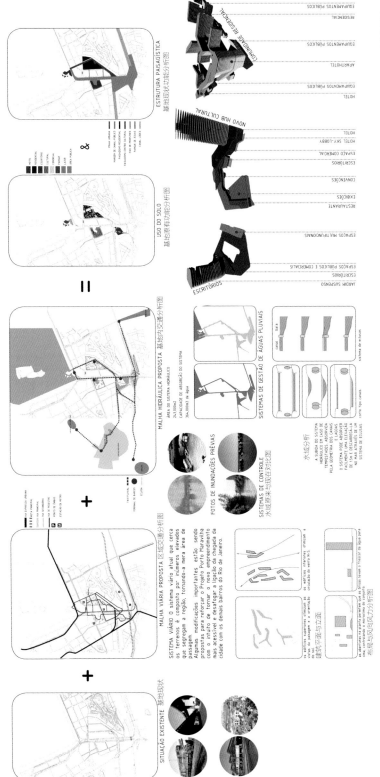

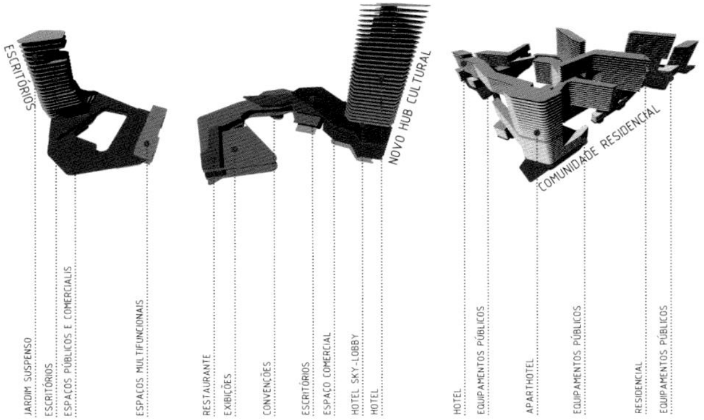

功能分析图

奥斯陆圆环
Oslo Rings

剖面

项目概况
设计方：OOIIO 设计事务所
设计团队：Joaquin Millan Villamuelas, Luis Alberto Embid, Jesus Reyes, Gerardo Marcos, A. Munoz.
位置：挪威 · 奥斯陆 · 豪格热德
面积：总共 33000 平方米，其中 9500 平方米住宅 , 12200 平方米商业 , 9150 平方米教育，150 平方米构筑物

透视图

目前，奥斯陆正积极寻求将城市郊区通过多个城市中心连结成的网络进行整合，对城市进行整体性建设。全新基础设施和建筑的建设清晰地标明，它们不仅作为周边区域的出行目的地，也是整个城市的目的地。本设计方案将这些新的规划布局战略思想与项目周边令人心旷神怡的优美自然环境相结合，创造一座全新城市公园，作为一座标准传统风格的花园，将地铁、林地和湖泊连接在一起，吸引着来自挪威各地的人群。

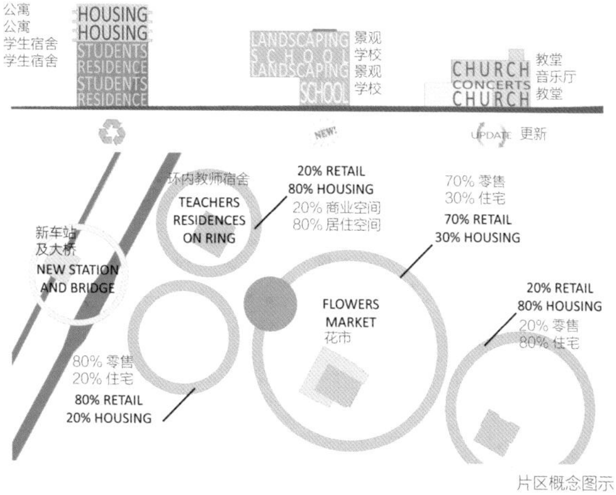

片区概念图示

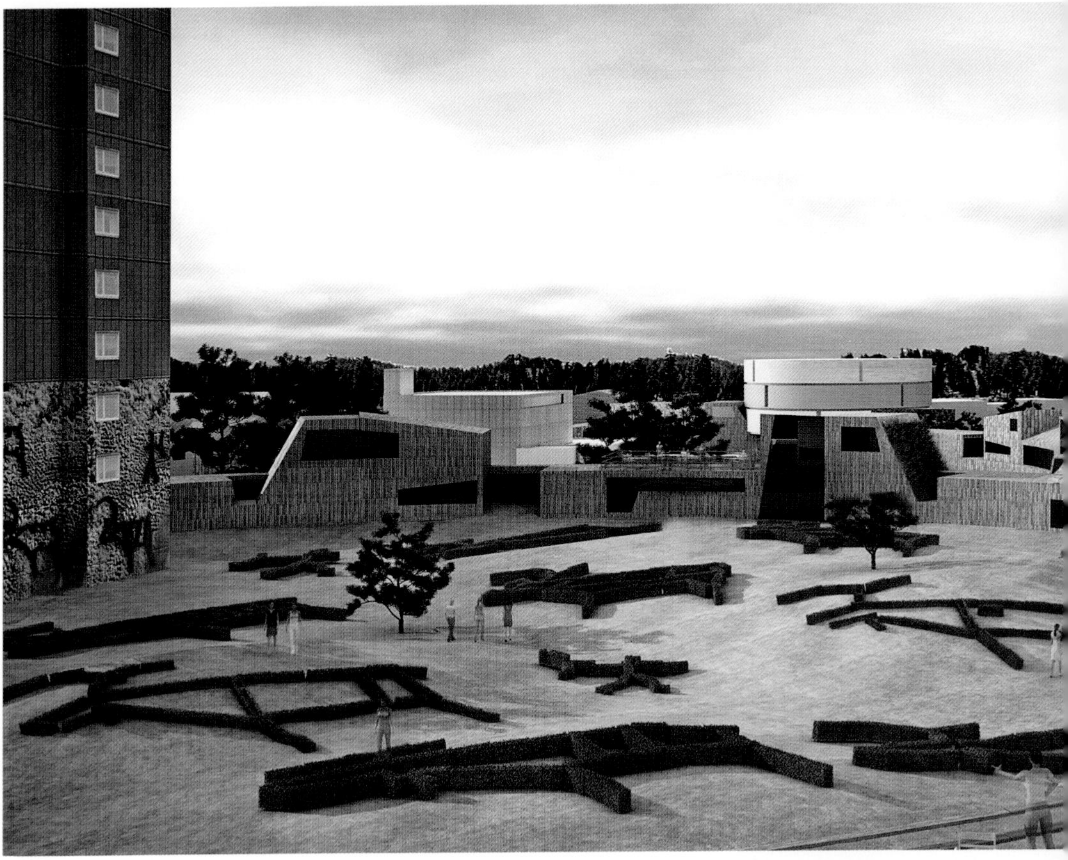

透视图

从现状来看，项目选址的一个严重问题是缺少特点，这也是当前一些现代城市设计中许多市郊区域面临的问题。同时，大量分布的支离破碎的既有建筑和当地分布不均衡的人口都亟需重新规划、整合。本项目方案重视并充分利用这些问题——将它们作为一种机遇，创造一种独特的、非常简明的策略，得出一个满足传统标准风格的解决方案，并形成一个多功能、可扩展的系统。通过在既有建筑外围建设一个多功能的环状建筑，项目方案设计出了一个兼具环保和可持续发展功能的外部园区，同时设计出一个内部园区，为建筑创造出了一个“大世界”中的“小世界”。每个圆环中可进行不同的活动，这样它可以作为一个自我维持的基础设施单元，也可以作为更大范围区域的一个组成部分。不同圆环之间的排列布局和相互关系以及既有建筑物，将公共区域和私人区域的界限清晰地划分出来，使已有的开放空间和建筑更加丰富实用。

在设计方案中，大规模的布局碎片化的既有建筑群的问题通过在这些既有建筑之间兴建一座新的大厦加以解决。这座新建筑的建设为所有楼宇创造了一个新的次序，改变了原有布局的混乱状态，使城市仿佛瞬间变为标明新纪元的石雕群，延伸向东方的原始森林。

原有的大厦成为一个住区地标，而新建筑采用了当代景观和植物学派的手法，将整个园区作为广场，供研究和艺术设计使用。这种循环利用已有建筑的设计得到

组团分析图

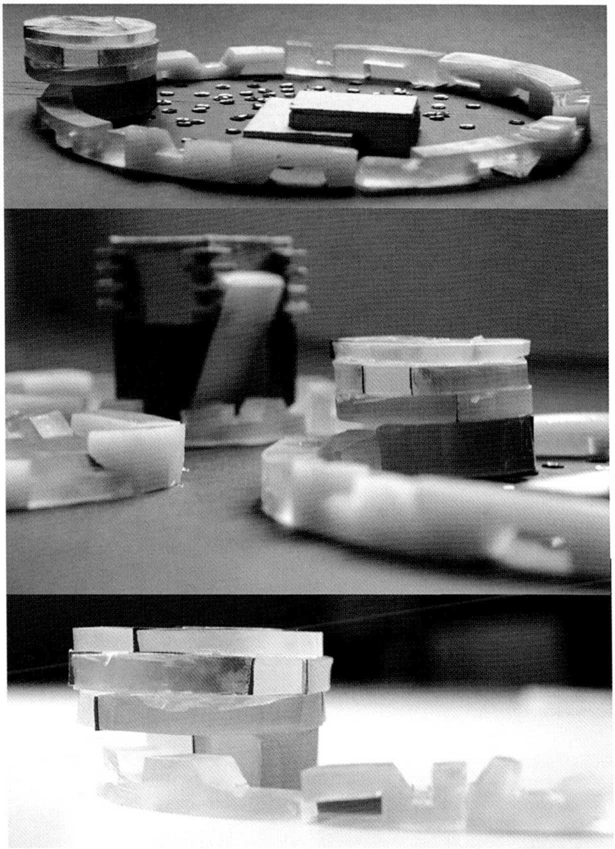

模型

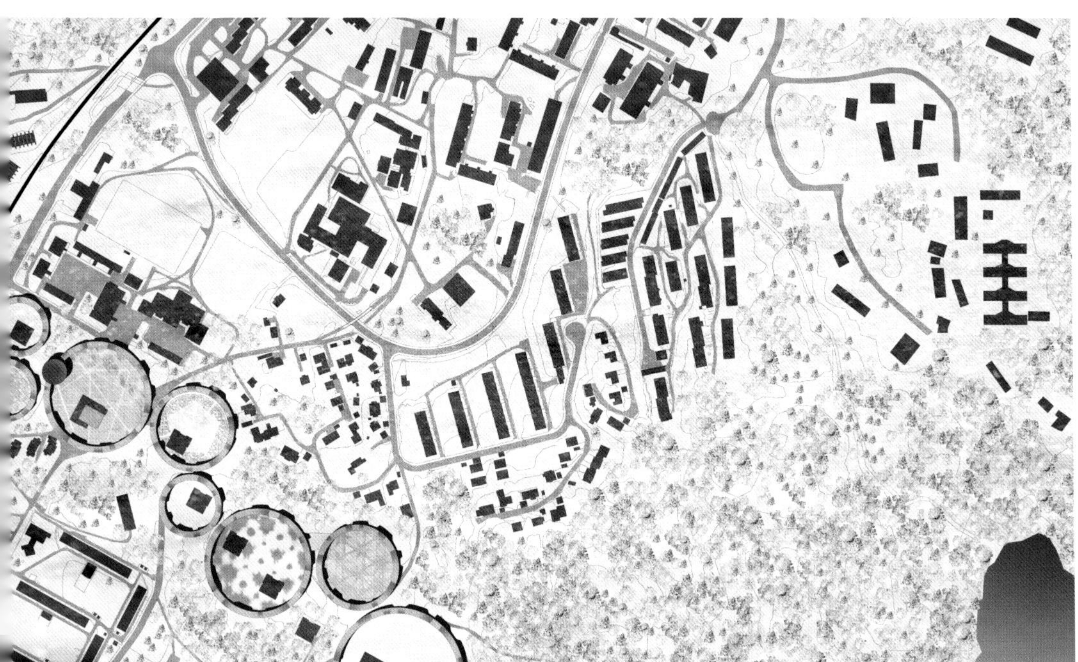

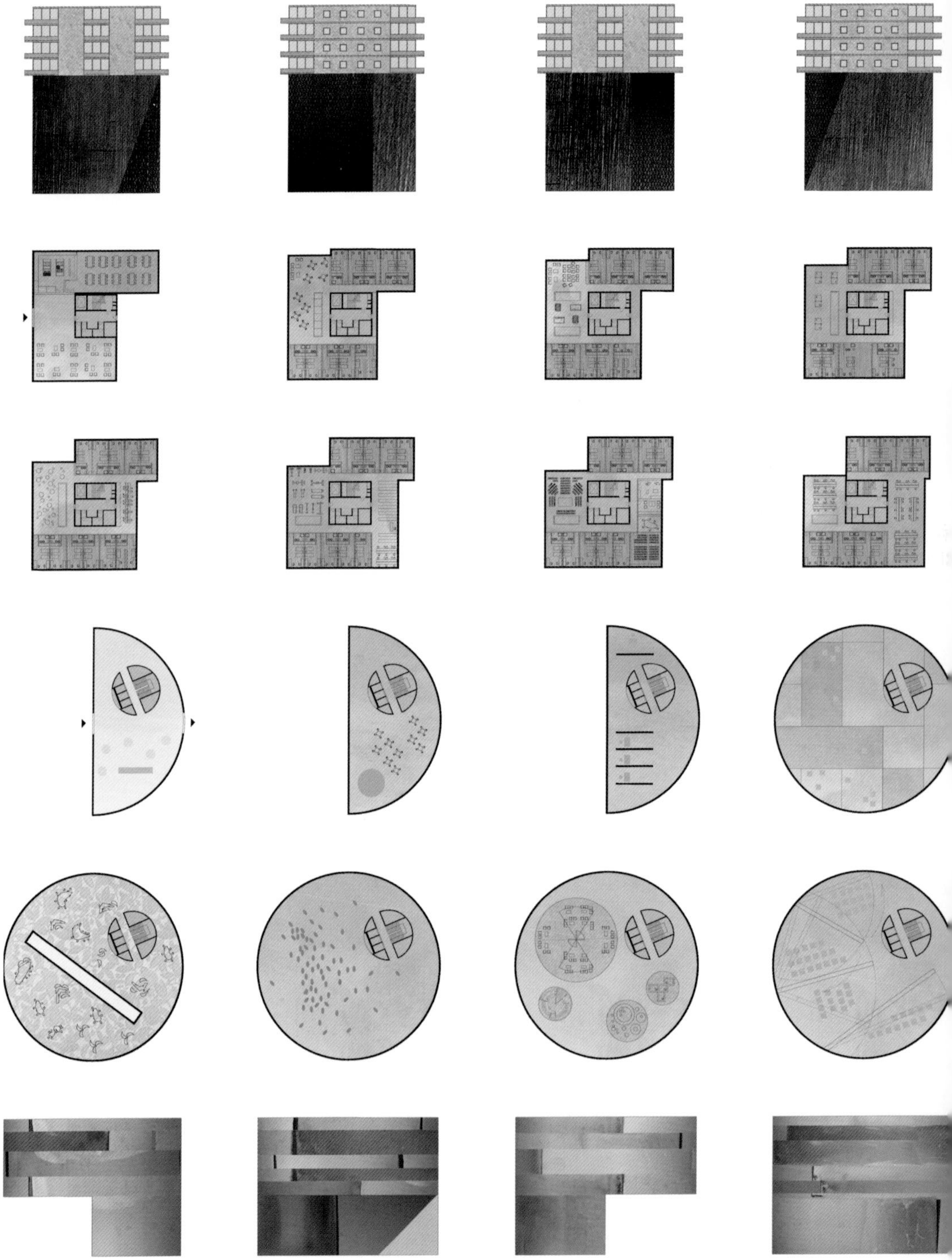

平立面分析图

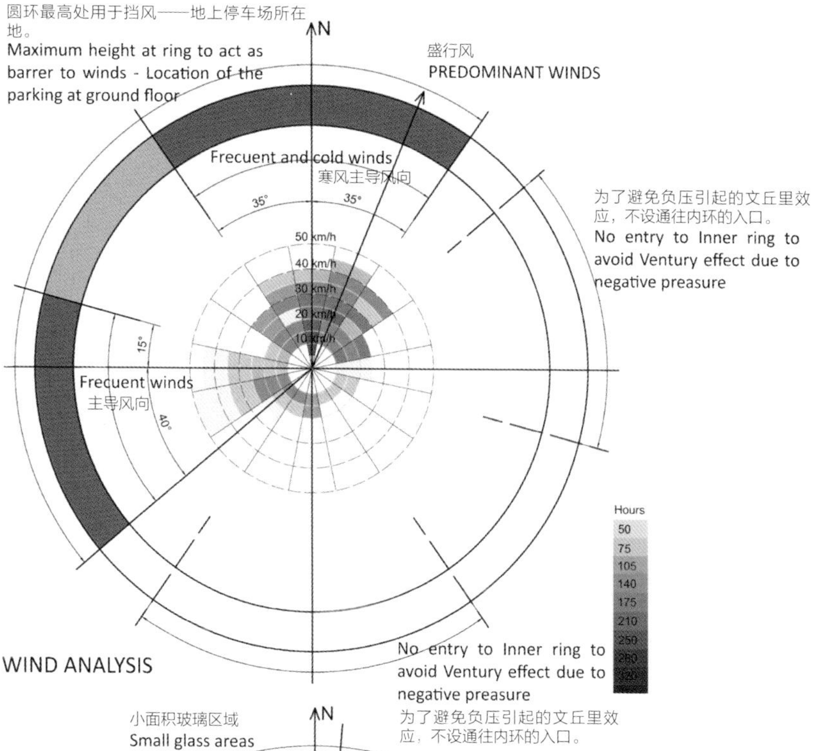

圆环最高处用于挡风——地上停车场所在地。
Maximum height at ring to act as barrer to winds - Location of the parking at ground floor
N
盛行风
PREDOMINANT WINDS
Frecuent and cold winds
寒风主导风向
35°
35°
为了避免负压引起的文丘里效应，不设通往内环的入口。
No entry to Inner ring to avoid Ventury effect due to negative preasure
50 km/h
40 km/h
30 km/h
20 km/h
10 km/h
15°
Frecuent winds
主导风向
40°
Hours
50
75
105
140
175
210
250
环形建筑风势分析
RING MASSING BASED ON WIND ANALYSIS
No entry to Inner ring to avoid Ventury effect due to negative preasure
为了避免负压引起的文丘里效应，不设通往内环的入口。
小面积玻璃区域
Small glass areas
N
Large glass areas
大面积玻璃区域
25°
25°
1st Jun
1st May
1st Apr
1st Mar
1st Feb
1st Jan
1st Aug
1st Sep
1st Oct
1st Oct
1st Dec
100°
20°
25°
Small glass areas
小面积玻璃区域
25°
Minimum height in ring to allow sun to enter in winter
圆环重量最低处，方便太阳冬季射入。
Large glass areas 大面积玻璃区域
OPTIMUM ORIENTATION 最佳朝向
RING MASSING BASED ON SOLAR PATH AND RADIATION
基于太阳路径和太阳辐射的环形建筑

风势和太阳辐射分析图

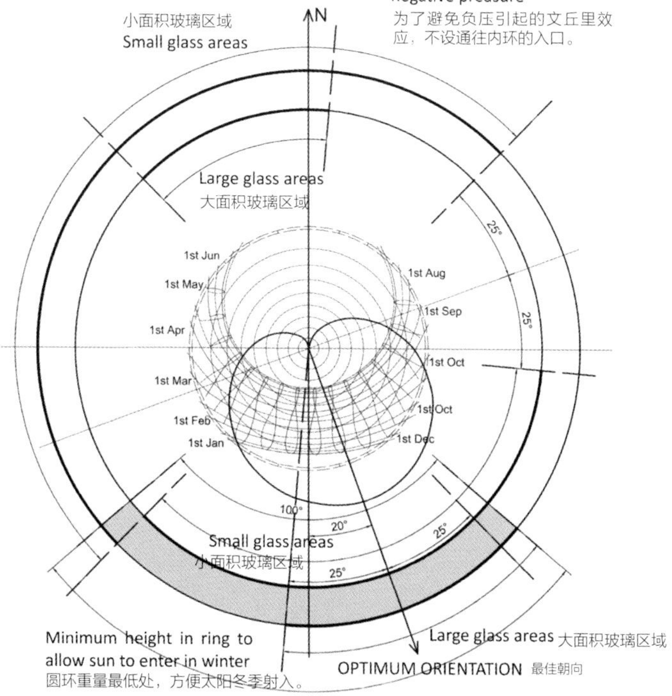

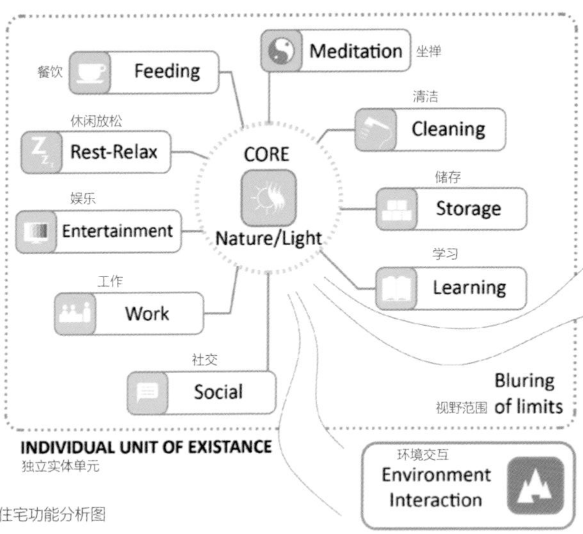

住宅功能分析图

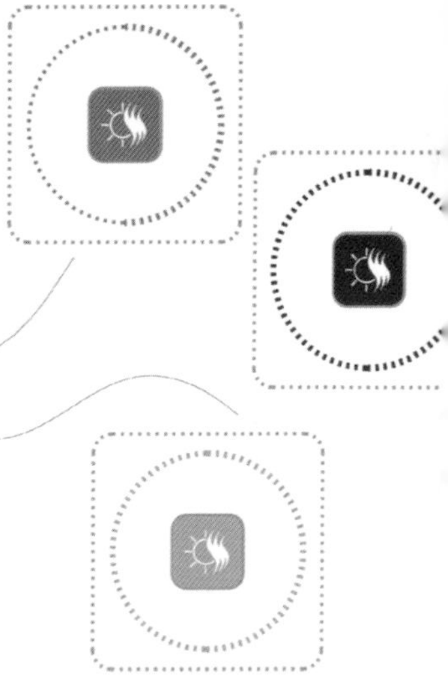

与其他单元之间的关系 **RELATIONS WITH OTHER UNITS**

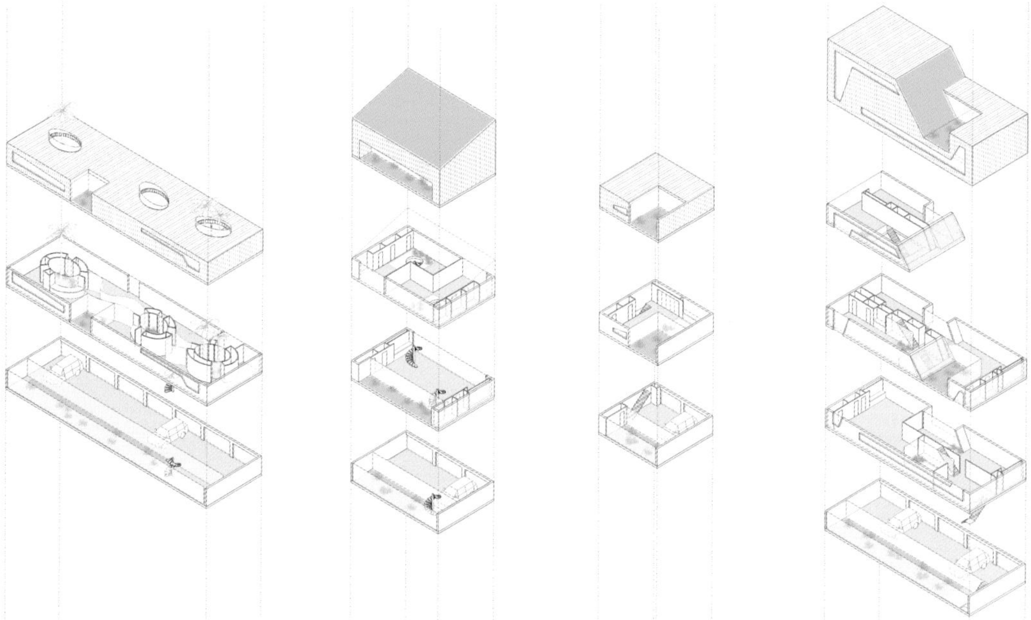

住宅轴测图

不同的理论流派的支持，将原有建筑分布于新的环形建筑之间，满足了居住、商业和零售功能。圆环的主体和材料创造出尺度巨大、景观美化效果良好的个性特点，给人留下深刻印象，而且这种印象通过公园随季节而变换的自然景物和学生在公园中摆放的作品得以加强。

项目所在地的气候和地形特点为它们提供了机会，可以作为成就圆环建筑巨大体量的动力。围合起来的内部公园成为社区和游人的社交场所，同时圆环形的建筑在宏观和微观尺度上都满足了规划需要。每个环带都能满足不同类型的公共和个人活动。公共建筑部分包含各种商店、教育活动和一般公用基础设施。为个人提供的规划部分满足该区域的居住需求，同时引领一种当今社会的全生活方式。项目所在地碎片化的人口分布，特点为移民老龄人口和生比例巨大，是二十一世纪社会的典型实例。这种现实使人重新思为新的综合体以及细分环境而存在的私人空间应具备的基本特点。

越来越多生于信息时代的新居民要求私人空间能够满足个人综合需这种要求就像母体子宫的概念一样，所有东西都以自我为中心，向部输入，同时又由单一的点与外部世界连接，向一个充满机遇的新界开放。在新的信息时代，每一个“独立生活单元”有大量的活动求私密性，所以这些单元建筑应该相应地响应这些需求。这些“生单元”独立或集群设置均可，就像家庭一样；但是其主要特点是从

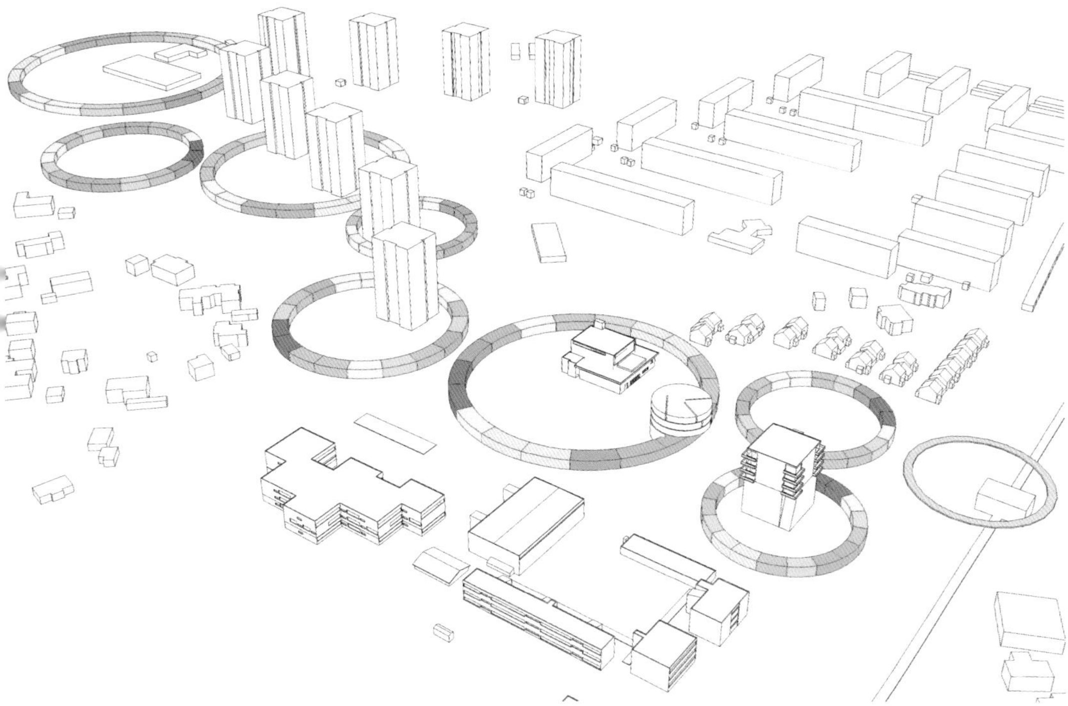

概念分析图

会学的角度来看，每个单元是纯粹的独立实体。
考虑到挪威的生活方式，每个单元的本质核心在于自然和太阳光线。对于一个成长中的城市和长期处于变革中的世界来说，这两者是必不可少的基础要素，是今天保持这动感生活方式的人们日常生活的一部分。住宅设计将今日社会的组织结构理解为一个网状结构，同时功能综合的节点和空间用以满足个性化的个人需求，由充满阳光和植被的核心空间组织、分割。

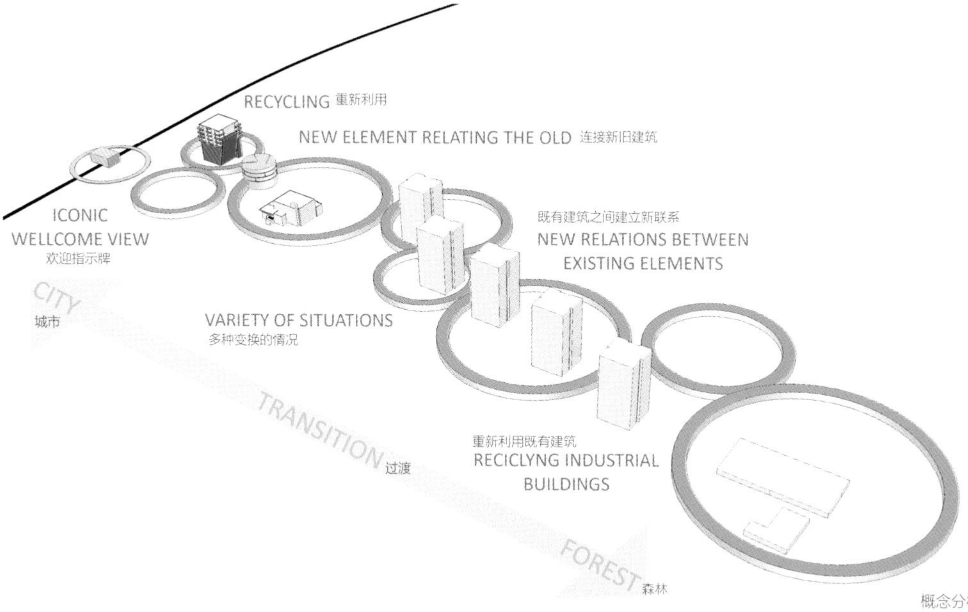

概念分析图

哈德森园区
Hudson Yards

透视

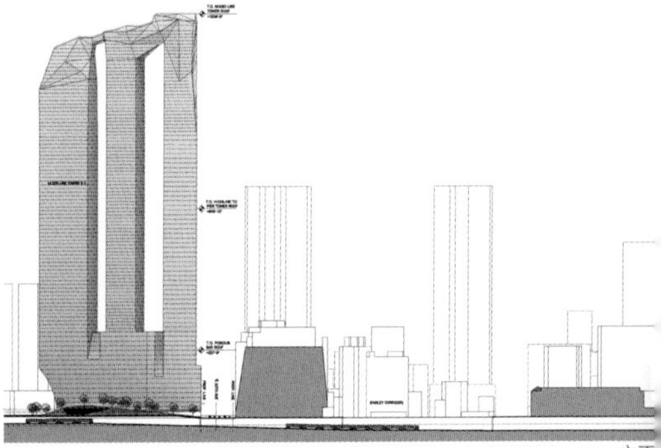

立面

项目概况

项目位置：美国 · 纽约

时间：2007 年

项目：综合项目总体规划

场地面积：11.3 平方千米

现状：竞标

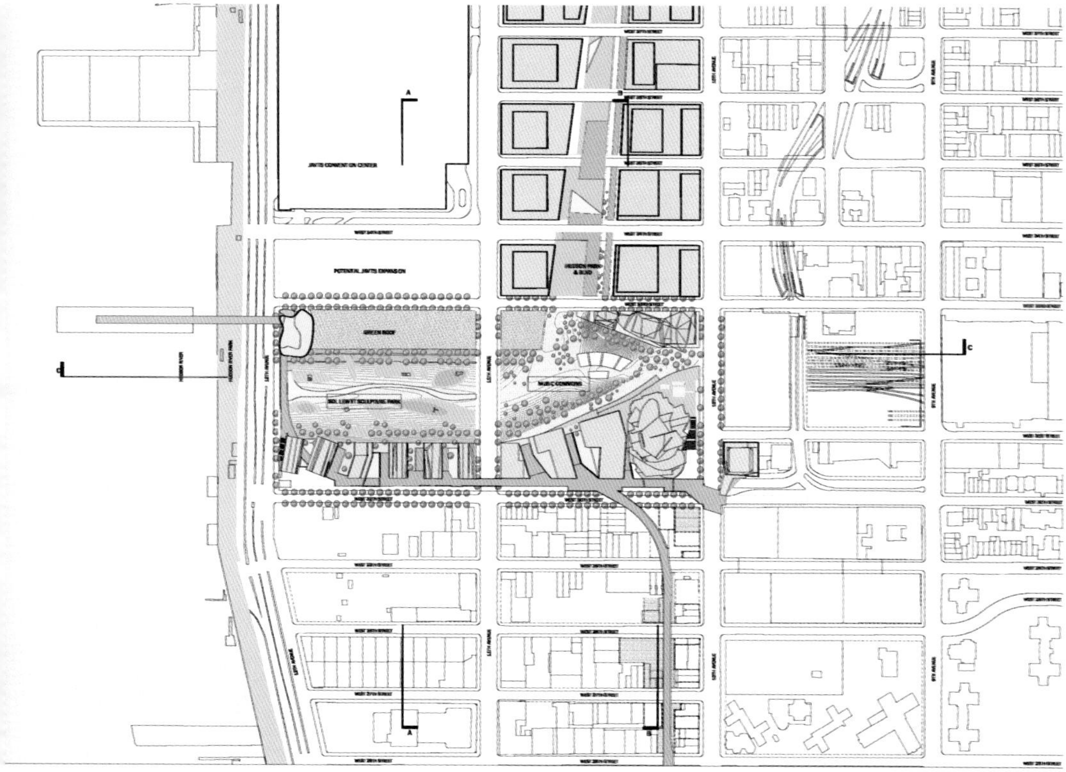

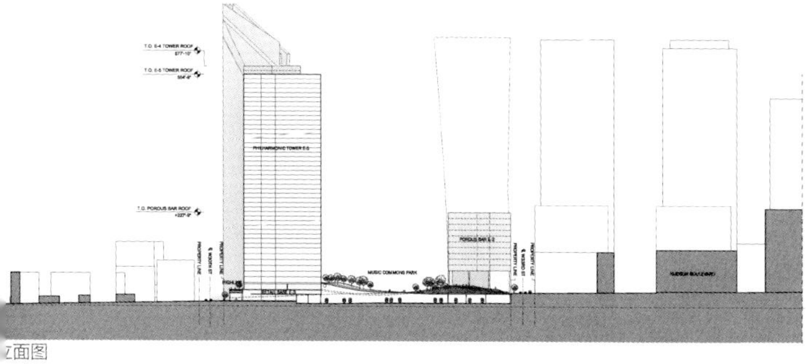

立面图

EXTELL 发展公司 & 史蒂文霍尔建筑事务所（STEVEN HOLL）为哈德森园区提出了 21 世纪城市样本的设计方案

注释：EXTELL 发展公司是 1989 年成立的纽约最知名的综合地产开发商。

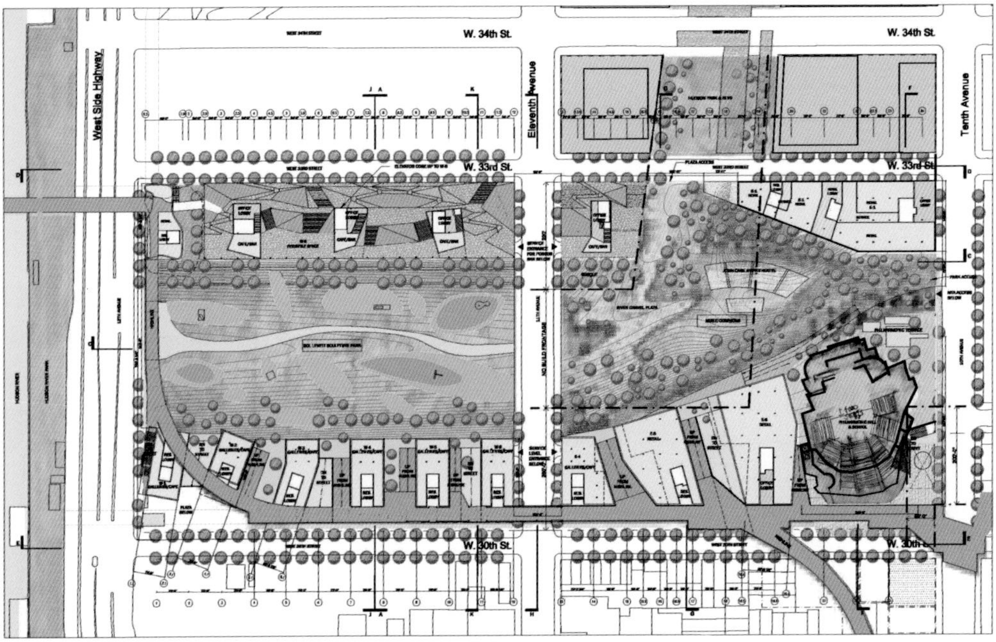

上星期日，11 月 18 日，史蒂文霍尔建筑事务所（STEVEN HOLL）（SHA）和 Extell 发展公司提出了他们有关纽约市东部铁路和西部铁路的总体规划的。作为五大开发商之一的 Extell 发展公司，目前正在为曼哈顿市中心最后这片未开发的基地招投标，已选定史蒂文霍尔建筑事务所（STEVEN HOLL）（SHA）领导的团队，作为本项目的顾问，为哈德森园区提出了 21 世纪城市样本的设计方案，SHA 和 Extell 发展公司专注于创造一个充满活力且混合使用的社区。这个社区拥有令人激动的公共空间，使用 LIRR 以最大限度地减少干扰，且给 MTA 回报可观的经济价值。史蒂文霍尔建筑事务所（STEVEN HOLL）的总体规划是在 11300000 平方英尺的基地上创造了一个混合使用的项

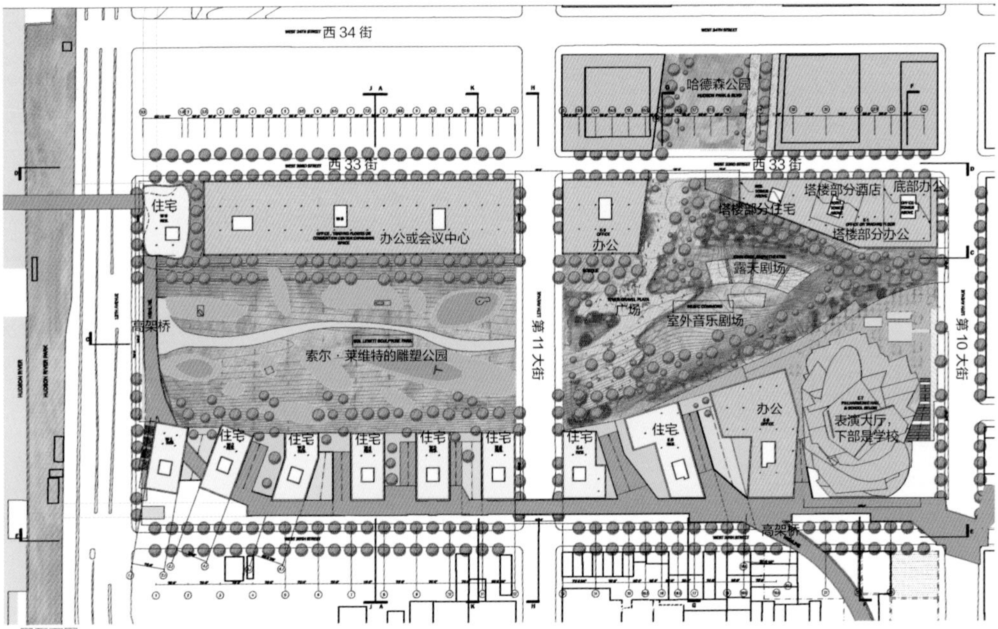

一层平面图

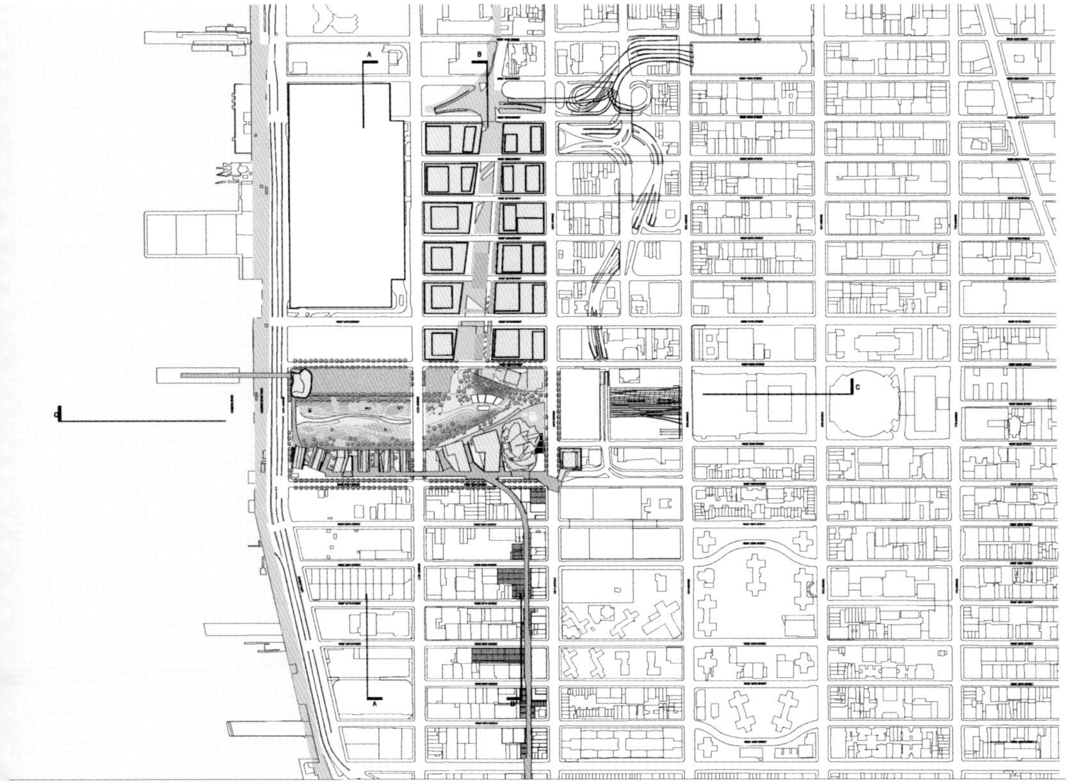

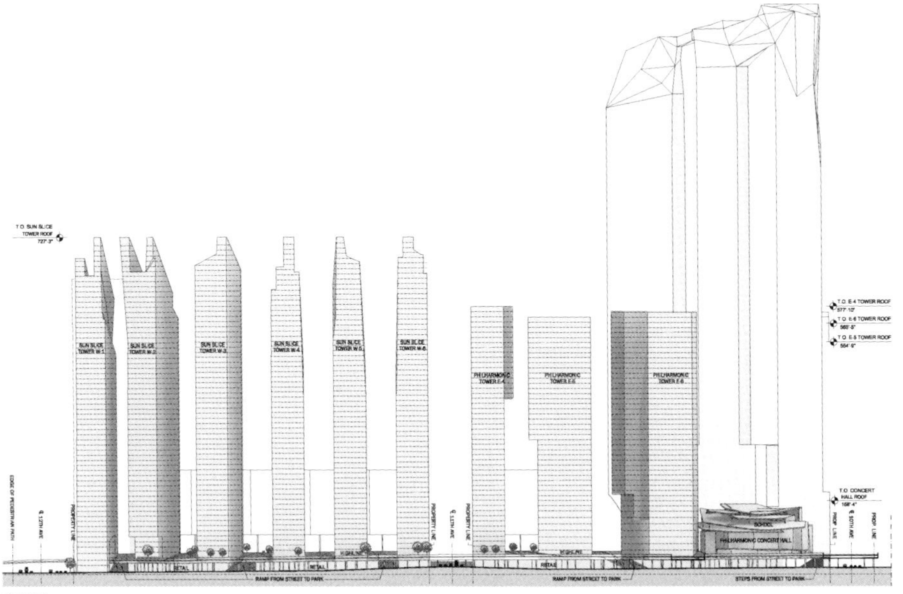
T.O. SUN SLICE TOWER ROOF 727'-3"
SUN SLICE TOWER W-1
SUN SLICE TOWER W-2
SUN SLICE TOWER W-3
SUN SLICE TOWER W-4
SUN SLICE TOWER W-5
SUN SLICE TOWER W-6
PHILHARMONIC TOWER E-4
PHILHARMONIC TOWER E-5
PHILHARMONIC TOWER E-6
T.O. E-4 TOWER ROOF 577'-10"
T.O. E-6 TOWER ROOF 568'-5"
T.O. E-5 TOWER ROOF 554'-9"
T.O. CONCERT HALL ROOF 168'-4"
SCHOOL
PHILHARMONIC CONCERT HALL
EDGE OF PEDESTRIAN PATH
℄ 12TH AVE
PROPERTY LINE
℄ 11TH AVE
PROP. LINE
℄ 10TH AVE
RETAIL
HIGHLINE
RAMP FROM STREET TO PARK
STEPS FROM STREET TO PARK
立面图

透视

透视图

目，通过在哈德逊河上的一个大公园来连接市中心、切尔西（Chelsea）艺术区和雅各伯贾维茨中心（Jacob Javits Center）。
最关键的决定是在火车站广场上建造一个悬浮的公园而非一个平台，史蒂文霍尔建筑事务所（SHA）的建筑师们设想建造一个占地面积 19 亩的巨大曲形公园，使哈德逊广场变成一个新的公众聚集点。这个公园是由弗雷德里克·劳·奥姆斯特德（美国景观设计学的奠基人）的曼哈顿岛中央公园的自然景观精神发展而来，清晰的结构、简单的曲线型的景观备受赞美，条状水系用于收集和净化雨水。公园的宽度横跨第十大道到第十二大道，宽敞的景观视野从东面的帝国大厦到西面的哈德逊河。在西部铁路的临河公园中，宽 370 英尺，室外雕塑点缀在植物之间，像极了"索尔.莱维特（Sol Lewitt）的雕塑公园"。
在河边，史蒂文霍尔建筑事务所（SHA）将海莱（Highline）的行人通道穿插进新公园结构中，继续通过架在西边高速公路上的桥梁到达用来服务新邻居的休闲码头和轮渡码头。在东部铁路公园内布置了一个室外圆形剧场，为音乐表演和其他户外活动提供场所。一个表演大厅放置在场地的东南角，用来联系新邻域切尔西（Chelsea）艺术区。这个公共大厅上面是一个表演艺术学校，它从上部和下部连接到海莱（Highline）公园的北部，并利用其抛光的表面作为入口顶棚。
毗邻表演大厅，史蒂文霍尔建筑事务所（SHA）在面对东部公园这块基地上，设想设计三个高度从三十六层到四十九层不等的建筑，包括一个办公楼，一个住宅楼和一个多功能塔楼，其底层用于大规模的零售商业。在基地的东北角，立起的一个高度为 1232 英尺的标志性三角塔楼，用于酒店项目，在其

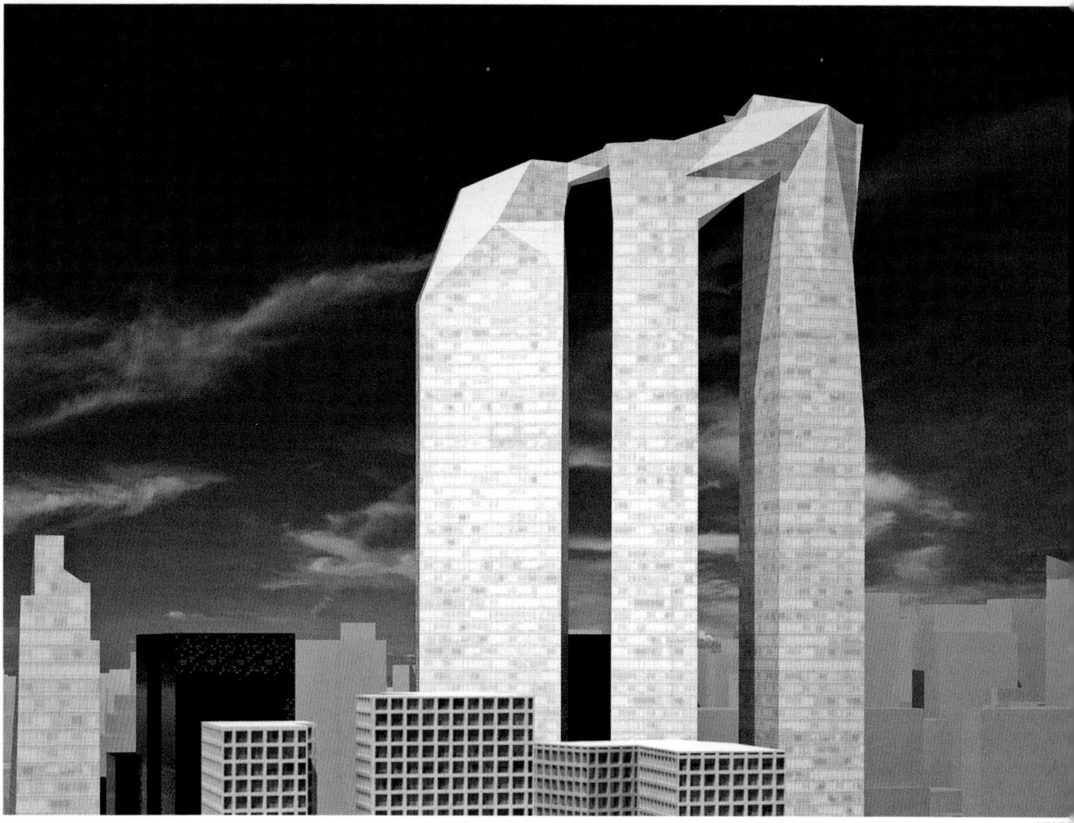

透视

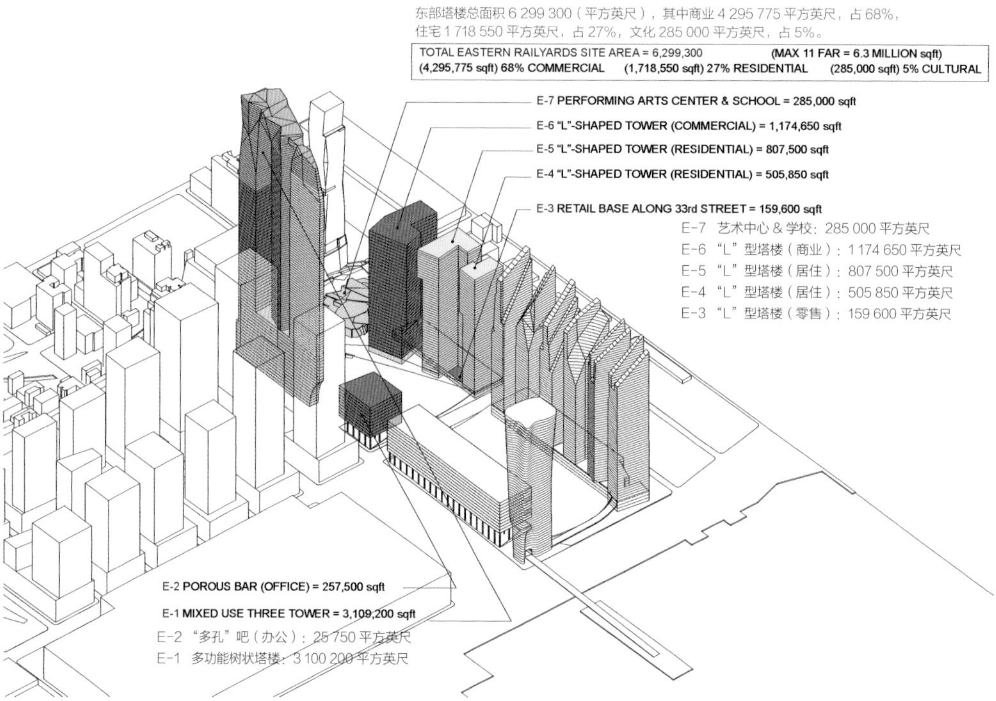
东部塔楼总面积 6 299 300（平方英尺），其中商业 4 295 775 平方英尺，占 68%，
住宅 1 718 550 平方英尺，占 27%，文化 285 000 平方英尺，占 5%。
TOTAL EASTERN RAILYARDS SITE AREA = 6,299,300
(MAX 11 FAR = 6.3 MILLION sqft)
(4,295,775 sqft) 68% COMMERCIAL
(1,718,550 sqft) 27% RESIDENTIAL
(285,000 sqft) 5% CULTURAL
E-7 PERFORMING ARTS CENTER & SCHOOL = 285,000 sqft
E-6 "L"-SHAPED TOWER (COMMERCIAL) = 1,174,650 sqft
E-5 "L"-SHAPED TOWER (RESIDENTIAL) = 807,500 sqft
E-4 "L"-SHAPED TOWER (RESIDENTIAL) = 505,850 sqft
E-3 RETAIL BASE ALONG 33rd STREET = 159,600 sqft
E-7 艺术中心 & 学校：285 000 平方英尺
E-6 “L”型塔楼（商业）：1 174 650 平方英尺
E-5 “L”型塔楼（居住）：807 500 平方英尺
E-4 “L”型塔楼（居住）：505 850 平方英尺
E-3 “L”型塔楼（零售）：159 600 平方英尺
E-2 POROUS BAR (OFFICE) = 257,500 sqft
E-1 MIXED USE THREE TOWER = 3,109,200 sqft
E-2 “多孔”吧（办公）：25 750 平方英尺
E-1 多功能树状塔楼：3 100 200 平方英尺

面积分析图

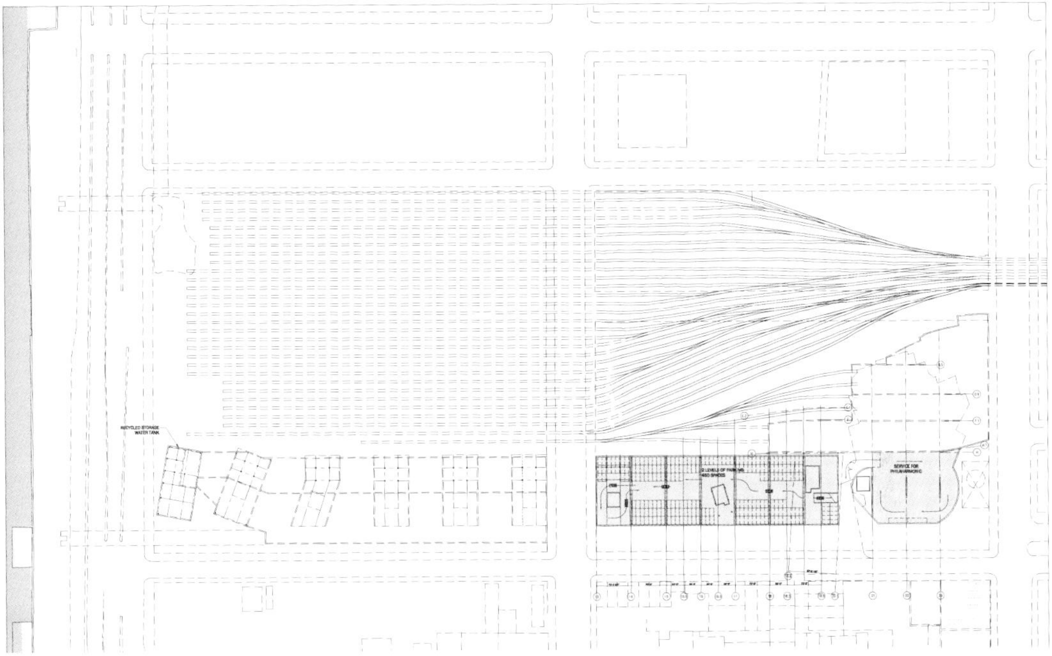
RECYCLED STORAGE WATER TANK
SERVICE FOR PHILHARMONIC

地下室平面图

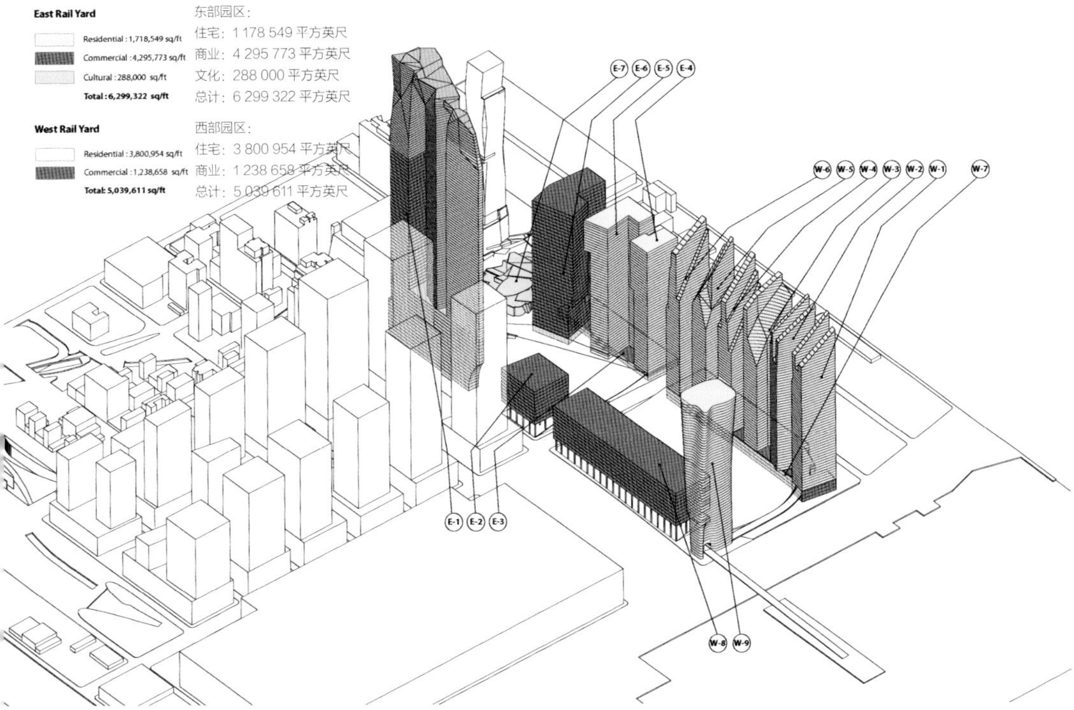
East Rail Yard
Residential : 1,718,549 sq/ft
Commercial : 4,295,773 sq/ft
Cultural : 288,000 sq/ft
Total : 6,299,322 sq/ft
东部园区：
住宅：1 178 549 平方英尺
商业：4 295 773 平方英尺
文化：288 000 平方英尺
总计：6 299 322 平方英尺
West Rail Yard
Residential : 3,800,954 sq/ft
Commercial : 1,238,658 sq/ft
Total: 5,039,611 sq/ft
西部园区：
住宅：3 800 954 平方英尺
商业：1 238 658 平方英尺
总计：5 039 611 平方英尺
E-7
E-6
E-5
E-4
W-6
W-5
W-4
W-3
W-2
W-1
W-7
E-1
E-2
E-3
W-8
W-9

顶部设计一个独特的公共空间，用于住宅和商业项目，这个空间比洛克菲勒大厦和美国帝国大厦的观景台加在一起还要大。在夜间，这个闪闪发光的公共空间将成为新的面向公众的哈德逊园区的重要标志。

位于西部公园南部的六个“太阳片”状的塔楼，其形状来源于对太阳角度的计算，能在不同的季节和时段，使阳光进入悬浮公园的特定位置。这些纤细的、多样的住宅建筑结构面向第三十大街的绿色空间开放，并使公园连接着两边的街道和海莱（Highline）。在基地的北部边缘，一个十层类似阁楼的建筑，其单层平面超过 100000 平方英尺，为将来的交易大厅或会议中心的扩建计划提供了可能性。建筑立面是宏大的“列柱式”，使公园向第三十三街开放，连接码头和地铁 7 号线，为下面 LIRR 的联运中转站提供可能。在河边，一个曲线型的住宅塔楼，重新定位了位于面向码头的海莱（Highline）公园。

史蒂文霍尔建筑事务所的哈德森园区总体规划基于五个主要原则：

(1) 保留原有的海莱公园并与之结合。

(2) 尽量扩大新建及周边相邻区域的绿色空间。

(3) 在坚实的地基上建造塔楼而非建设中的铁路车站。

(4) 利用悬索桥技术，使结构无柱以实现大跨度，使铁路交通系统无中断服务。

(5) 最大限度地实现可持续发展理念，满足纽约城市 PLA 可持续标准，具体绿色措施有地热交换系统，灰水——雨水回收系统，热电厂零二氧化碳加热冷却技术，50% 降低能耗及减少二氧化碳排放建筑。大公园将为周围提供一个凉爽的小气候环境，提高空气质量，促进水循环平衡，并减少铁路车站的集热效应。

透视图

透视图

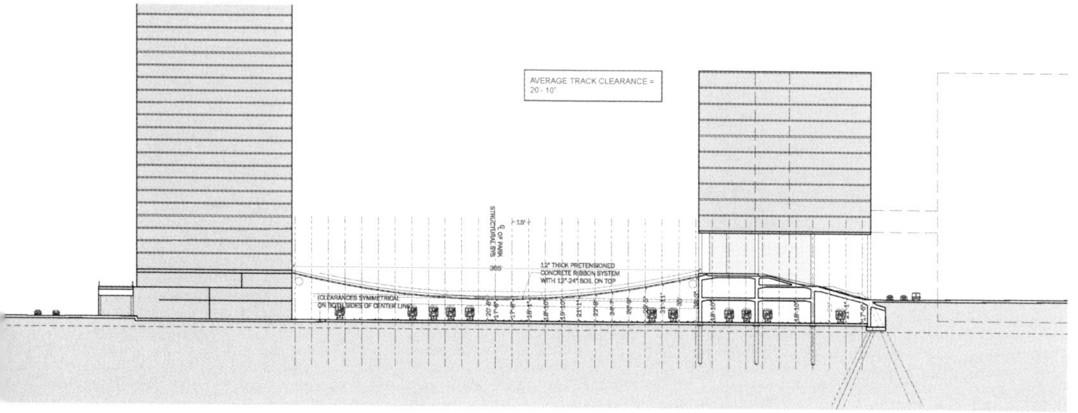

轨道间隙图

透视

透视

透视图

透视图

TOILET FLUSHING
卫生间冲水
GREY WATER
SHOWERS, HAND/FACE/CLOTHES WASHING
灰水：
淋浴、洗脸、洗手、洗衣
TOILET FLUSHING
卫生间冲水
屋顶花园灌溉
ROOF GARDEN IRRIGATION
TOILET FLUSHING
卫生间冲水
景观灌溉
LANDSCAPE IRRIGATION
为池塘供水
POND WATER MAKEUP
景观灌溉
LANDSCAPE IRRIGATION
STORM WATER
收集处理水箱
RETENTION TREATMENT TANK
GREY WATER TREATMENT
灰水处理分析图
30 min. walking distance
20 min. walking distance
10 min. walking distance
5 min. walking distance
步行 30 分钟可达范围
步行 20 分钟可达范围
步行 10 分钟可达范围
步行 5 分钟可达范围
34TH STREET
12TH AVENUE
11TH AVENUE
HUDSON BOUL
33 RD STREET
HIGHLINE PIER - FERRY TERMINAL
SCULPTURE AND ARTS PARK
MUSIC COMMONS
30TH STREET
29TH STREET
WEST
28TH STREET

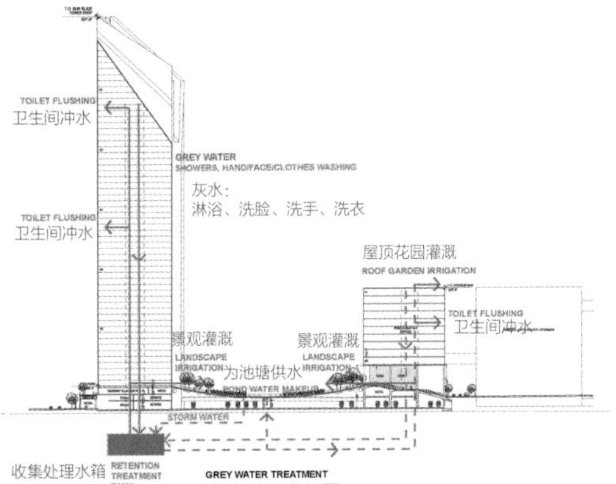

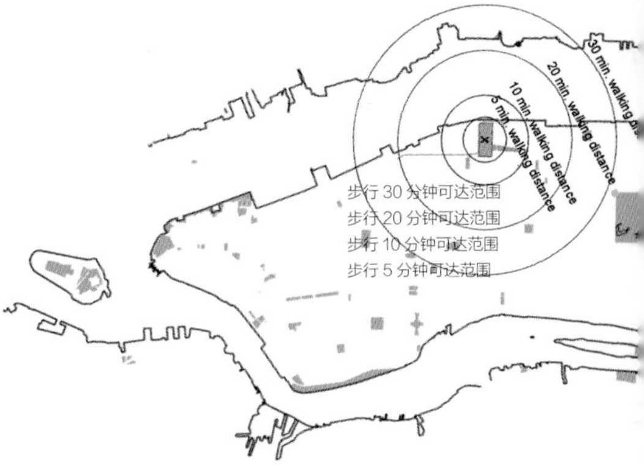

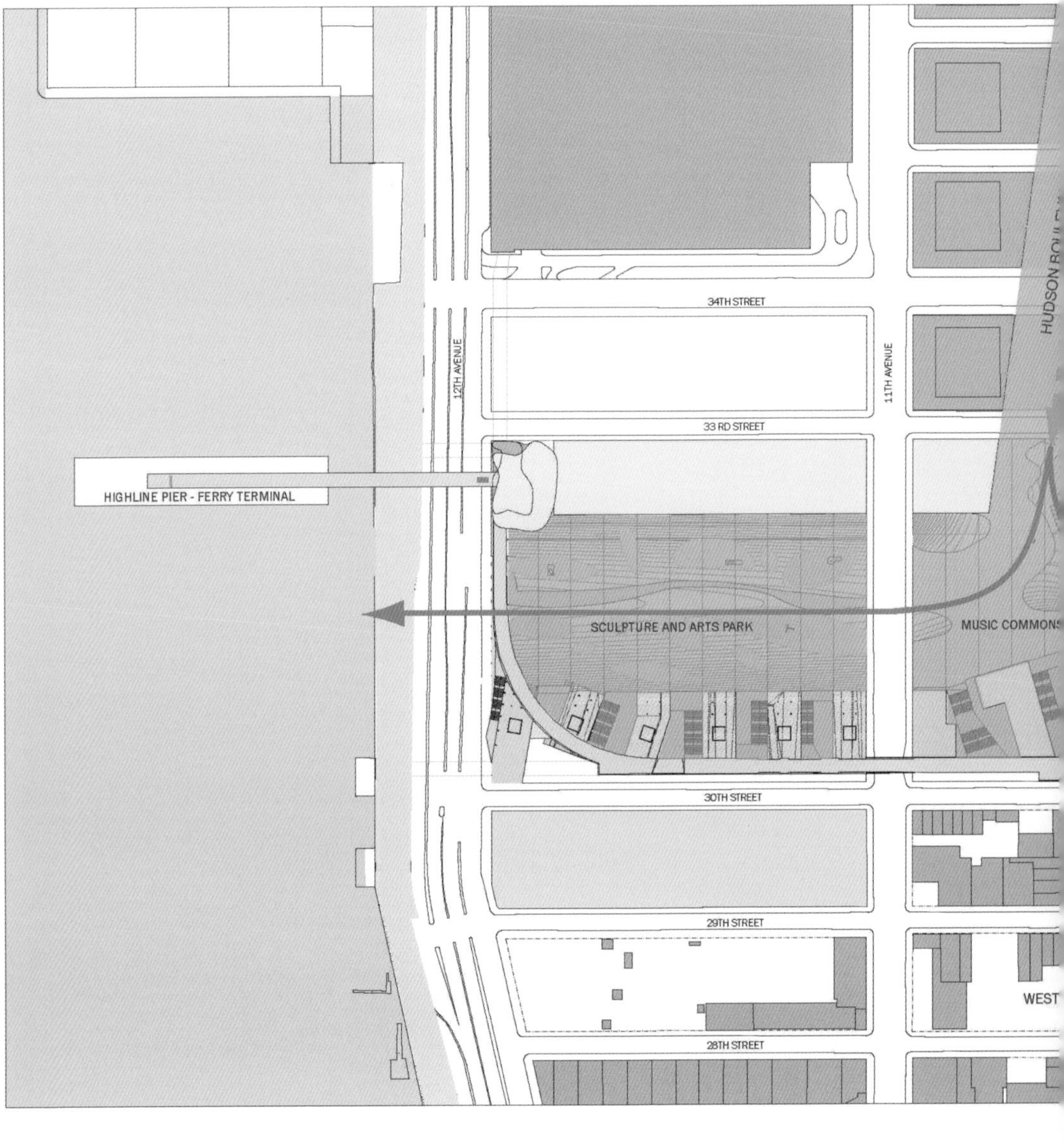

步行可达范围分析图

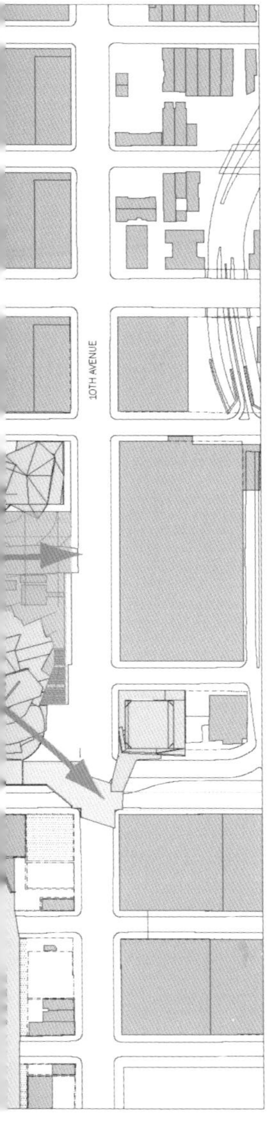

建筑间距分析图
最低限度互相干扰

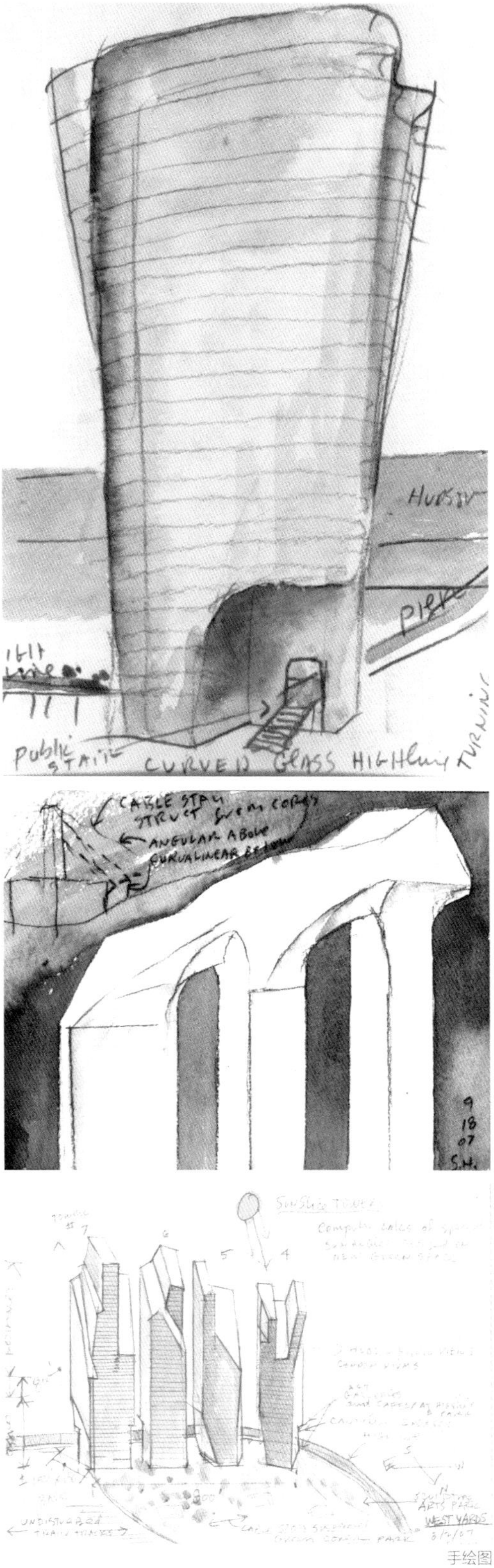

手绘图

巴利亚多利德东部开发计划
Valladolid East Project

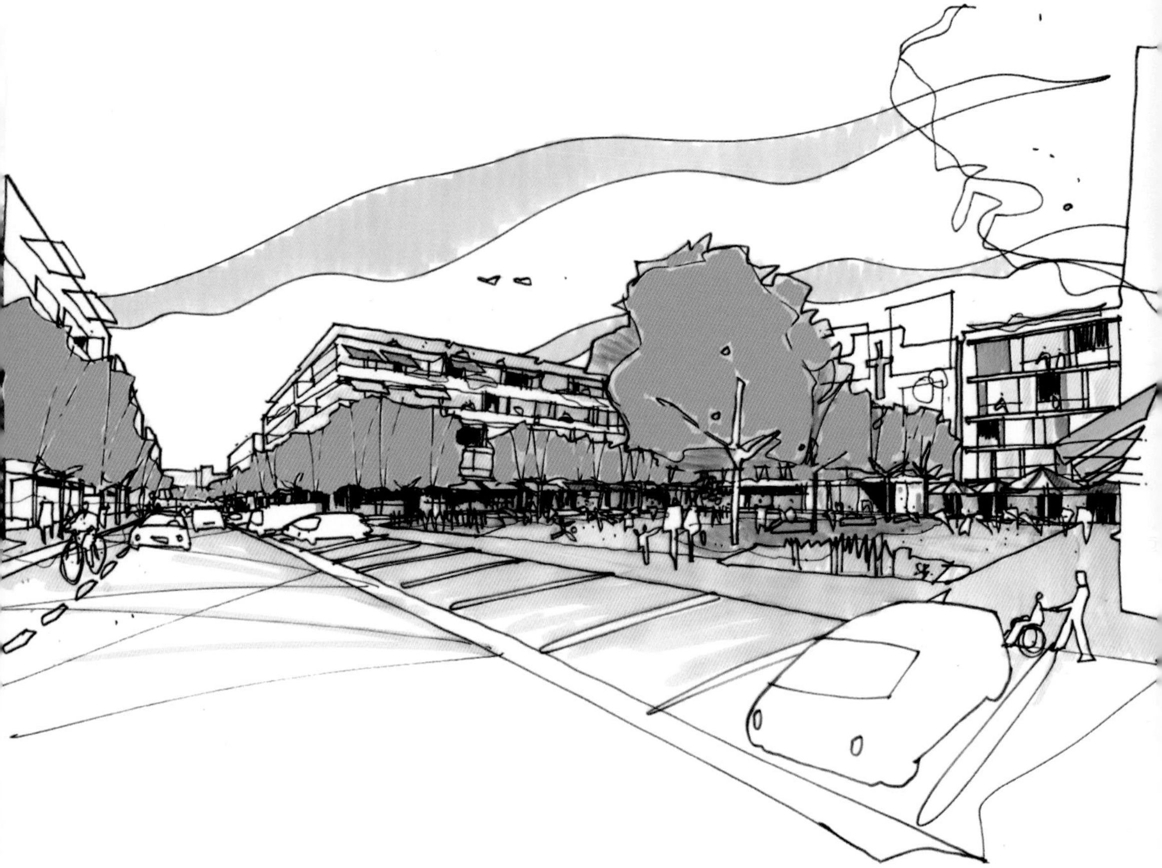

© AR

项目概况
项目位置：巴利亚多利德
建筑面积：460 公顷
项目类型：多用途生态城市
规划设计：ARUP 奥雅纳

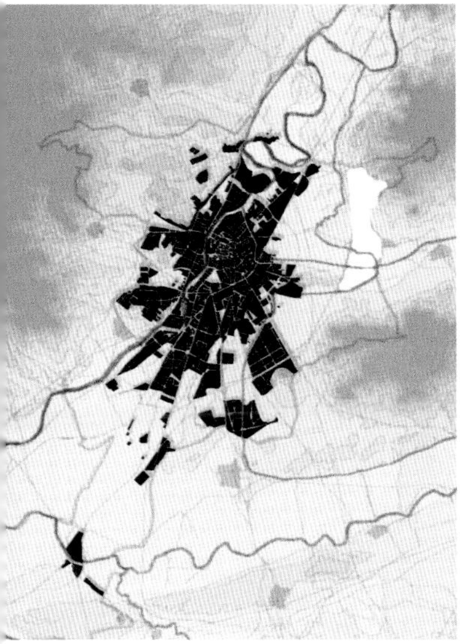

© ARUP

© ARUP

√e（巴利亚多利德东部开发计划）项目位于西班牙城市巴利亚多利德，距市中心 5 千米处。埃斯格瓦（Esgueva）河蜿蜒穿过约 460 公顷的项目区域，并汇入杜罗运河。该项目旨在创造一个容纳 15900 个住户，并具有多种用途的生态城市：

· 住宅区
· 大型购物和商业区
· 大规模区域公共建筑
· 旅游和休闲区域
· 大型市政公园

√e 开发项目的规划开发手段将采用“Plan Parcial”方式（根据进度情况不断发展的开发规划 Plot Development Plan）。

注释：

Plan Parcial：西班牙政府在宏观层面城市与微观尺度（块区）之间设定的一种用地规划。

一．总体目标

1. 为巴利亚多利德建立一个全新的发展模式 。
2. 创造一个可以对城市资源利用进行自我调节与平衡的城市。
3. 证明城市化进程与保护自然环境可以协调并行。
4. 探索土地利用的新模式，最大限度地保护城市郊区。为人们从市中心前往城外景点提供方便的通路。
对农村地区实行整体开发，创造公共绿色空间网络。
5. 找到一种合适的混合利用模式，通过各种各样的互动活动，增进社区意识。
6. 在所有尺度上强调可持续发展事宜的重要性。

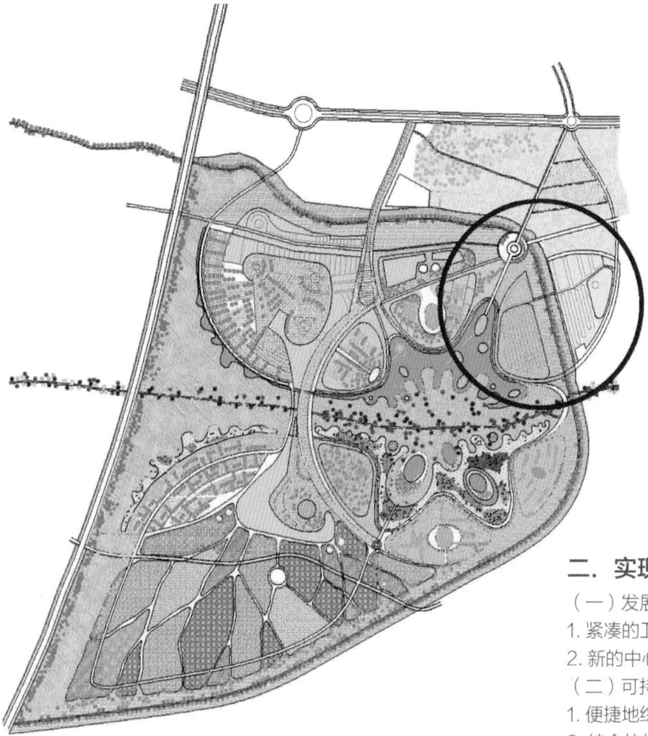
水循环

二. 实现方法

（一）发展模式

1. 紧凑的卫星城与城市的分散布局。
2. 新的中心。

（二）可持续发展主题

1. 便捷地综合利用 。
2. 综合的机动车策略，使交通出行更加合理化。
3. 节能减排。
4. 设计便捷的公共交通系统，整合入现有交通网络。
5. 对可再生能源进行系统化应用。
6. 水循环系统整体设计。
7. 对可持续发展和提供系统性的实用方案。

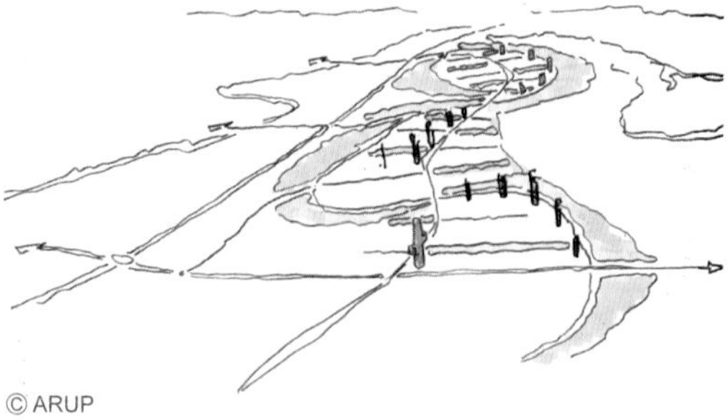
© ARUP

© ARUP

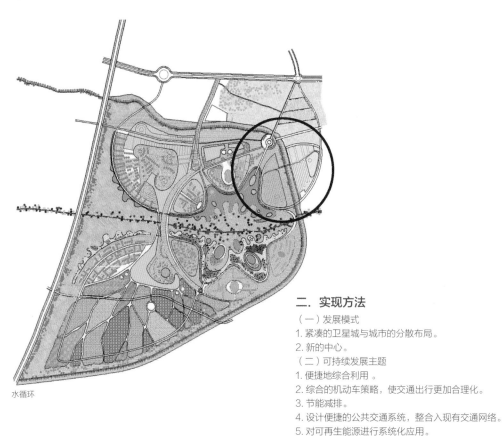

© ARUP

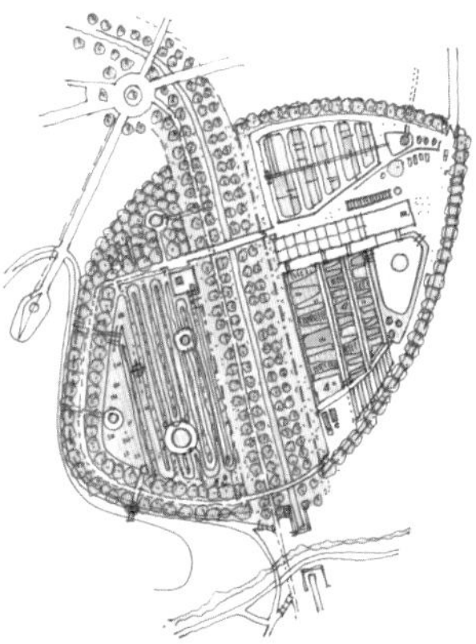

© ARUP

（三）城乡一体化

1. 对地形、水文、气候条件进行分析，同时对生物多样性、景观特点、总体面貌和地方法规进行调研。

2. 尽可能减少工程土方量。

3. 移风易俗。

（四）社区结构

1. 规划居民区人员结构及规模。

2. 制定城市制度与规定，分配、限定公共空间功能。

3. 制定人口密度策略，提高多样性。

4. 保持不同层级公共空间之间的协调。

5. 提供步行道路和社交空间。

6. 培养社区生活氛围。

7. 增强居民的参与性与融合度。

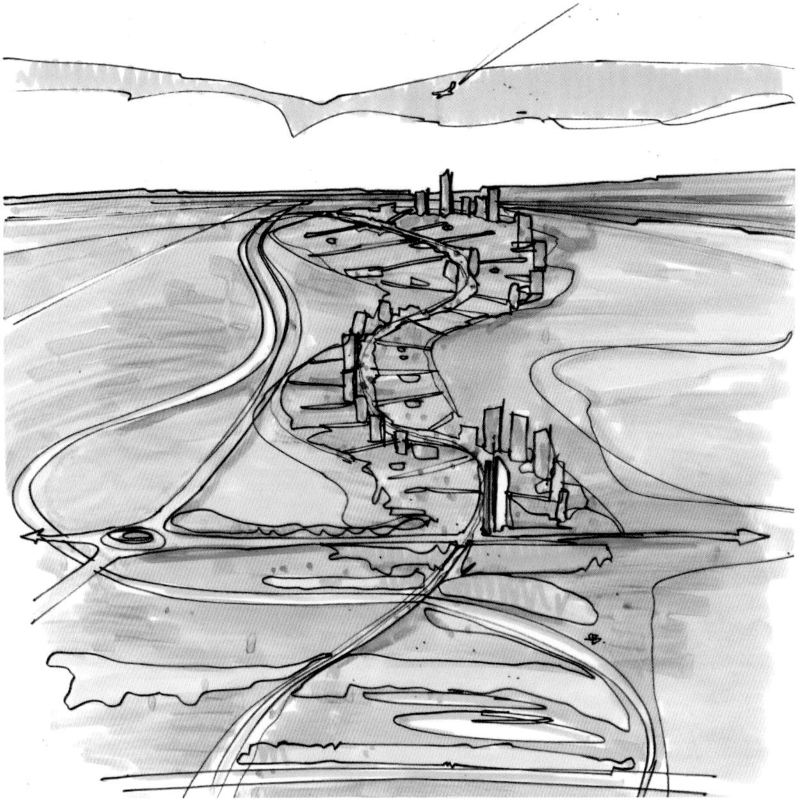

© ARUP

三. 工作描述

以下内容对项目研究和以“Plan Parcial”方法制定的总体规划进行简单说明。

环境影响策略

规划项目设计的目标是通过对选址自然环境的透彻分析，尊重和利用当地的地形、水文、和自然特点：

能量循环：生态城市模型。项目的全部设计都以节约能源，提高自然资源利用效率策略为原则。应用于城市发展的措施预期将实现减少 65% 二氧化碳排放量，能源总量的 65% 依靠可再生能源提供。

· 城市被动策略：未来对每栋建筑采用生物气候建筑策略（依据即将实施的建筑技术规范）。

· 更多的节能系统；减少能源需求总量。

· 基于可再生能源利用的能源策略。

· 高于巴利亚多利亚当地平均水平及建筑技术规范的太阳能热能利用。

· 太阳能光伏农场（占能源自给自足量的 15%）。

· 深入研究生物质能应用于区域供热的可行性。

· 在更多综合应用领域引入热电联产技术。

水循环：生态城市模型

为了达到家庭用水量节约 50% 的目标，采取最大限度地减少水消耗量 、雨水利用、重复使用处理过的废水用于灌溉和观赏喷泉等措施。

交通与运输策略：

生态城模型

在 Ve 开发项目中，我们建议尽量减少使用私家车（污染的主要来源），通过创建一个高效、优质的公共交通网络和隔离的公交专用道系统，用预付公交车连接项目所在地和巴利亚多利德市中心。

· 一个紧凑的城市模型，活动中心之间距离较短，这将鼓励行人步行和自行车出行。

· 设计一种方案，提高 Ve 开发区的可达性，同时设法限制私家车的便利性。

· 调查使用巴士出行比使用高占用率的机动车所节省的油耗总量。

· 研究公路交通和行人共用的交通系统。

四、总结

城市的再生必须从中心区开始，同时郊区发展的任务也应该得到重视。巴利亚多利德开发项目为城市郊区更具可持续发展性的建设提供了范式。

在私家车需求和步行可达性之间达到了更好的平衡。

城市生活的质量和社区意识由居民交互和联系的层次决定。高水平的城市提供了最大限度的融合性以及丰富多彩的社会活动。

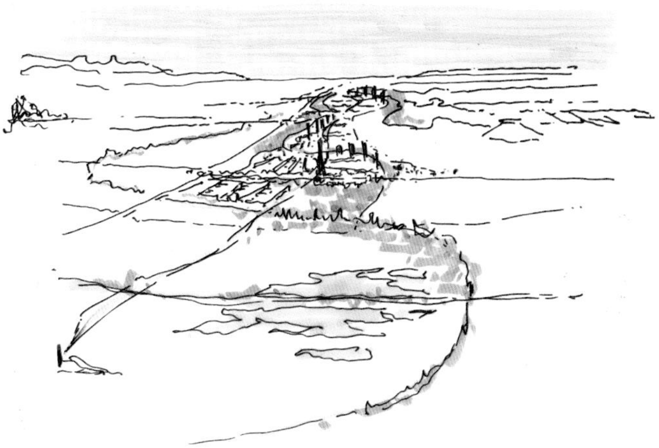

© ARUP

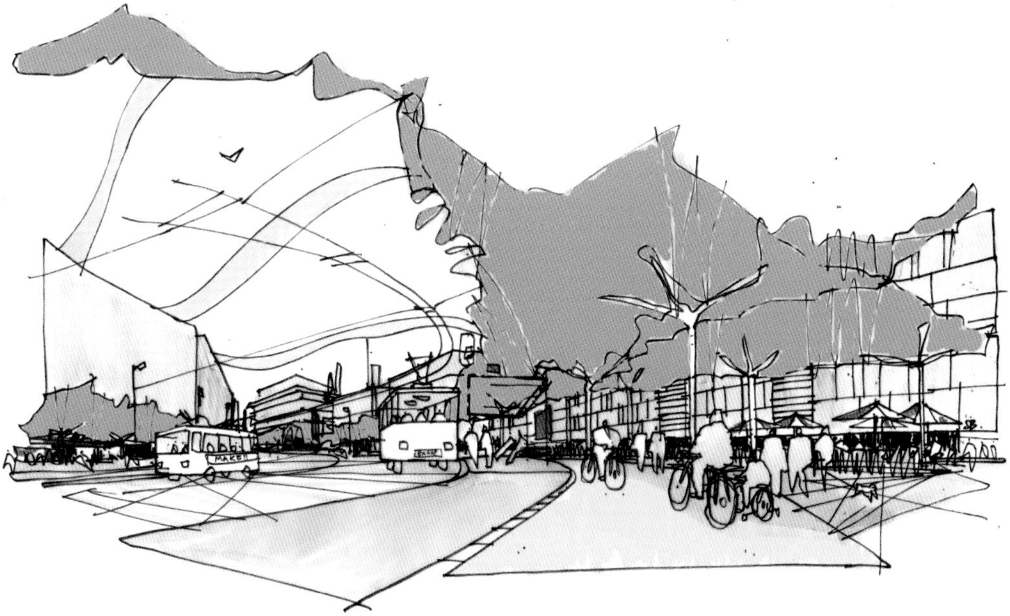

© ARUP

中新天津生态城 ECO-CBD 概念规划

ECO-CBD Concept Plan of Sino-singapore in Tianjin Eco-cit

人视

项目概况

项目位置：天津 · 滨海新区

建设单位：中新天津生态城投资开发有限公司

设计规模：100 万平方米

设计内容：概念规划设计

鸟瞰图

手绘图

中新天津生态城 ECO-CBD 概念规划作为 2011 世界建筑师大会（UIA）的现场报告作品，以超前的理念探讨了生态 CBD 的未来模式，在能源、生态、交通、城市和建筑层面形成了完整的循环模式，提出了“E- 托邦”的概念。

ECO-CBD 借助生态谷、湿地与公园等自然生态系统相串联，形成生态廊道，使各种鸟类、小型哺乳动物和昆虫能够在 CBD 安家和迁徙，保持了城市本地生物系统的生物多样性。立体种植的本地植物覆盖了多层次的平台、中庭、空中庭院和屋顶，形成垂直生态系统。CBD 公园中的垂直农场将都市农业引入城市核心。CBD 通过集约用地、可再生能源供应、资源循环、废弃物回收等措施达到能源、资源可持续利用。而自适应的建筑可根据气候和环境改变外围护体系。

方案一
鸟瞰图

方案二
鸟瞰图

死海开发区规划
Dead Sea Development Zone

© Sasaki Associates

透视图

项目概况

项目位置: 约旦·安曼

委托方: 死海开发公司

设计单位: Sasaki Associates

完成时间: 2011 年 6 月

规模: 40 平方千米

设计内容: 规划,城市设计,景观设计,建筑设计

获奖: 美国建筑师学会(AIA)区域及城市设计国家荣誉大奖
美国风景园林师协会分析及规划类荣誉奖

局部总平面图

1. 游客中心
2. 观光塔
3. 商住综合体
4. 商业、酒店综合体
5. 风景区
6. 游客中心广场
7. 入口广场
8. 商业步行街
9. 滨海广场
10. 滨海圆形据称
11. 观光台
12. 下沉广场
13. 滨水步道
14. 海滩户外咖啡店
15. 海滩广场
16. 生态公园
17. 木板路
18. 地上停车场（供公共海滩使用）
19. 车库以及游客大巴车站

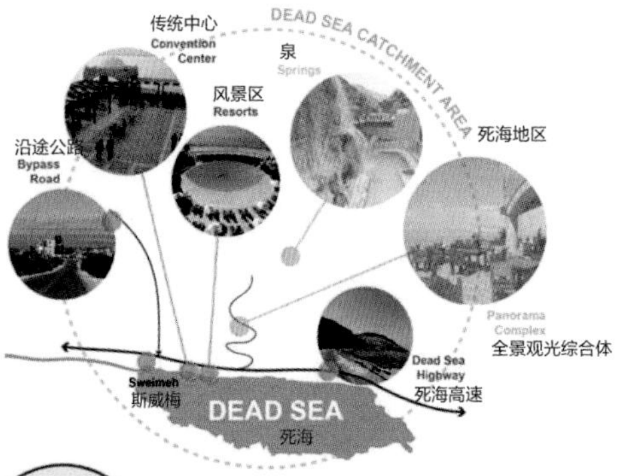

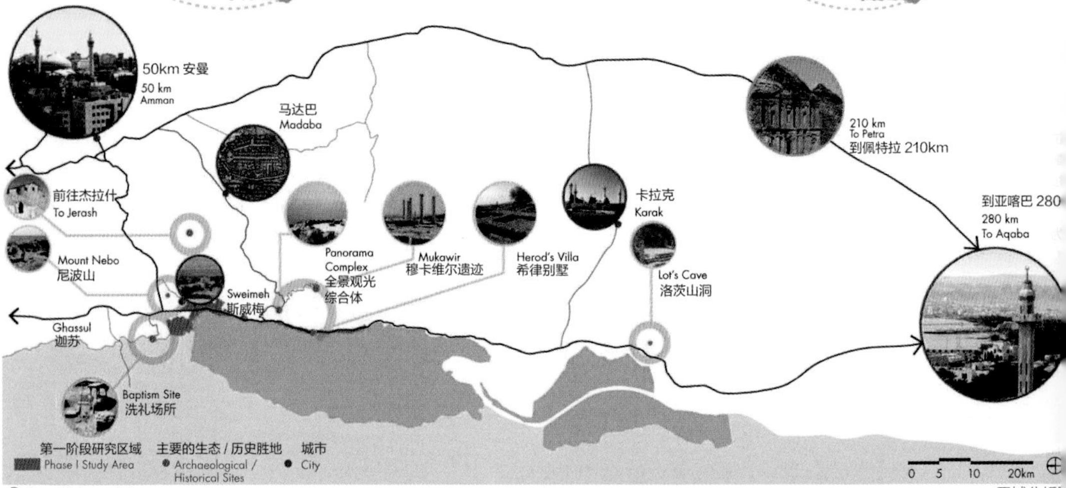

© Sasaki Associates

区域分析图

© Sasaki Associates

死海开发区总体规划图

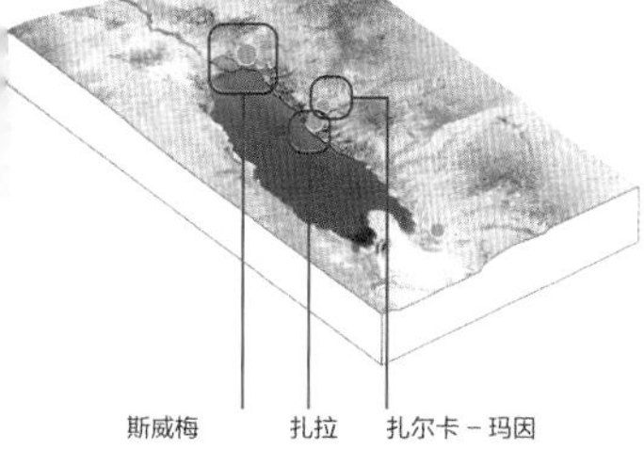

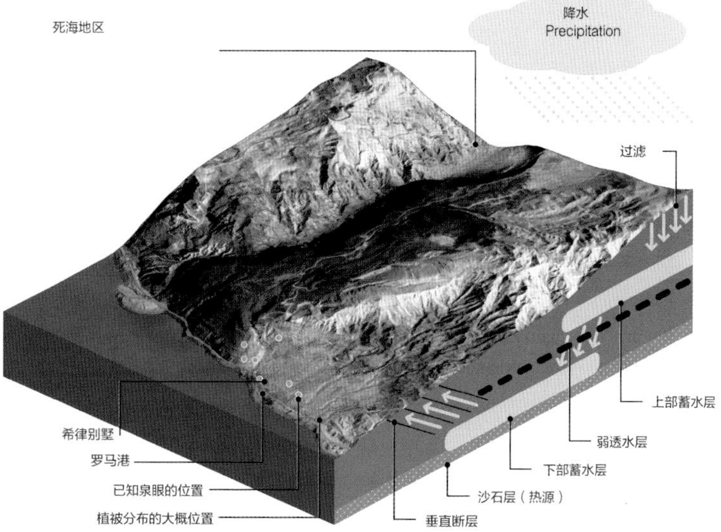

位置：天然泉水沿死海海岸线东北部分布，最大的三个泉水群位于斯威梅、玛因、和扎拉。其中扎拉最有潜力将这些特色凸显出来，那里分布着大型的未被开发的泉水群。

为沙漠生物提供支持：泉水为严酷生存环境中的动植物提供支持和保障。

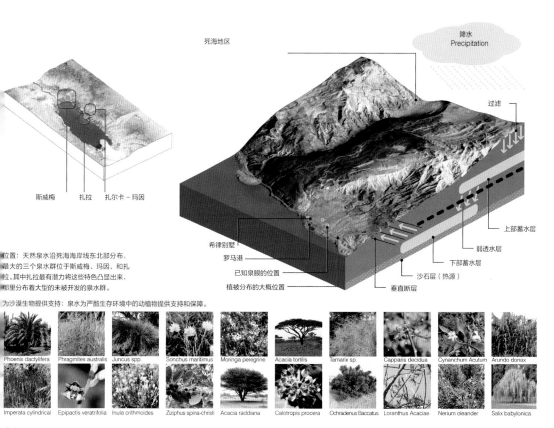

© Sasaki Associates

环境分析图

位于约旦的死海开发区详细规划（DSDZ），包括死海北岸及东岸的40平方千米土地。在过去的15年中，约旦王国致力于在开发建设和环境保护之间寻找平衡之道，使不断扩大规模的旅游业和本地社会发展和谐发展。2008年，一个开发管理机构宣告成立，负责为该地区制定一项详细总体规划，为区域现有土地、未来开发地块、基础设计建设和自然资源保护建立一个可持续发展框架。项目总体规划方案创造了一种覆盖全面，同时针对项目特殊性的方法，使社会、经济和环境的可持续性得到最佳配置。作为全球陆地表面的最低点——处于历史著名的约旦裂谷中心地带，包括杰里科城在内——死海是一个举世无双的自然景观，几千年来，富含矿物质的咸水一直吸引着来自世界各地的游客。

System of Wadis
河流系统

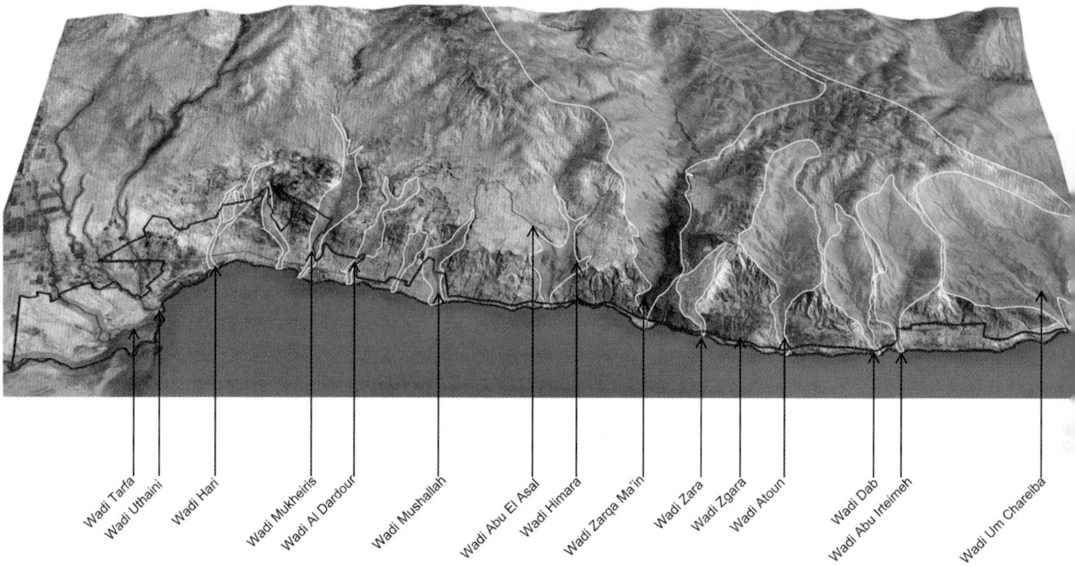

Tarfa 河道 / Uthaini 河道 / Hari 河道 / Mukheiris 河道 / Al Dardour 河道 / Mushallas 河道 / Abu El Asal 河道 / Himana 河道 / Zarqa Ma`in 河道 / Zara 河道 / Zgara 河道 / Atoun 河道 / Dab 河道 / Abu Irteimeh 河道 / Um Chareiba 河道

- Alluvial Wadis / Jordan River Valley 冲积河道 / 约旦河谷
- Large Wadis / Regional Watersheds 大型河道 / 区域性分水岭
- Small Wadis / Local Watersheds 小型河道 / 当地分水岭

河流系统分析

局部总平面图

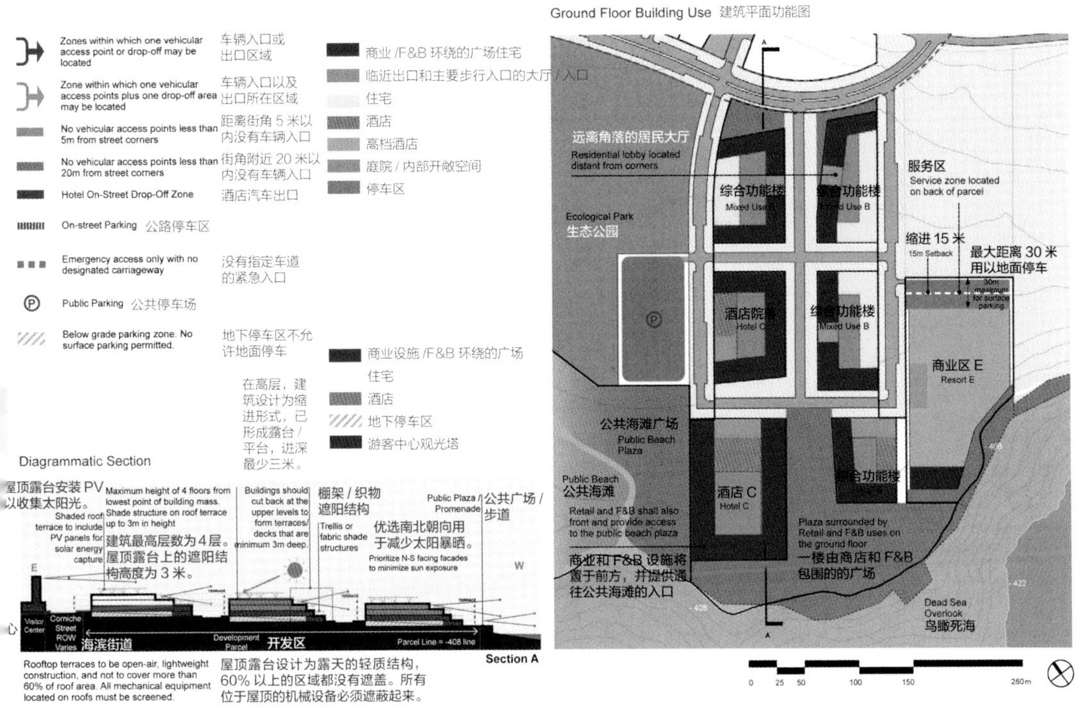

© Sasaki Associates
功能分区图

死海的地质历史可溯及到几百万年之前。大约 9000 年前，关于亚伯拉罕的信仰兴起，为这一地区赋予了影响深远的历史和文化意义。从那时开始，就已经有人群、村落以及贝多因人在这片土地定居。死海位于一个巨大的山谷中，东岸和西岸是壮观的悬崖景观。崖壁越向北越平缓，山谷于此向约旦河展开。悬崖峭壁为死海创造了丰富的形状和色彩，隐现其间翠绿色“干涸河床”的遗迹构成了雕塑般的景象。对于海水本身来说，极高的蒸发率使其成为全球最咸的水体之一。专家对当地促成死海形成，并继续对其施以影响的景观及生态系统进行了大规模的基地分析，包括：水面退缩、地热泉、当地植物及动物群落，本地撑柳生境以及 重要鸟区（IBA）迁徙廊道等。

斯威梅（约旦城市）当地生活于死海的 4200 位原著居民面临着高失业率的威胁，基础设施条件极差，环境退化，健康保健状况堪忧等状况。总体规划为斯威梅的社会和经济可持续发展提出了综合方案，包括职业培训机会、保障性住房、公共设施、医疗设备、社区中心、学校、大学和后勤中心。 规划中的发展进步包括公共和私人——将对周边旅游开发区起到杠杆作用，并强化斯威梅作为一个强大的可持续社区的作用，连接死海、周边山区及综合开发区。

环境可持续策略深入总体规划的每一个层次。在总体场地水平上，根据一项“净可利用土地区域”分析，先前没有任何建设区域。自然形成的坚固河床缓冲区没有划入建设区域，其倾斜程度超过30%，现有的原生生境、重要考古遗址，以及斜坡上的广阔区域被专门划为生态旅游区。在资源方面，根据预期人口数量的使用需求进行估算，得出准确的水及其他能源的需求目标。在大量科技方案和国际绿色开发标准的基础上，设计团队采用了“抑制需求”的方法。专家对所有现有基础设施的容量进行了分析，进而根据未来开发规模扩建可持续基础建设设施。这包括从可持续地下水源及当地水源（山区河道）供水，以及一个集中水处理设施，处理所有的废水使之得以循环利用，并回用于整个区域的灌溉。根据约旦绿色建筑倡议和策略环境评估（SEA）制定的绿色设计指导方针包含了国家对于总体规划的指导政策，为本项目提供完整指导。

总体规划包含了一系列相互连接、交通方便的区域，每个区域都有其自身的活动节点。各区域之间规划了一个周密的公共交通运输网。规划设计了公共娱乐设施，例如将新建一个1000 dunum的市民公园和一片新的公共海滩，成为死海一个重要的公共景点和观景处。适于干燥环境的植物和配有遮阳设施的低灌溉景观也包含在规划提案当中。规划中设计了紧凑的步行可及的中心，成为公众聚集区域以及活动目的地，与现有的私有酒店和滨水区发展模式保持平衡。一个新建的滨海区将成为一个引人入胜的目的地，提供住房、酒店、宾馆、广场，并在死海之滨建设一个可持续绿色空间。

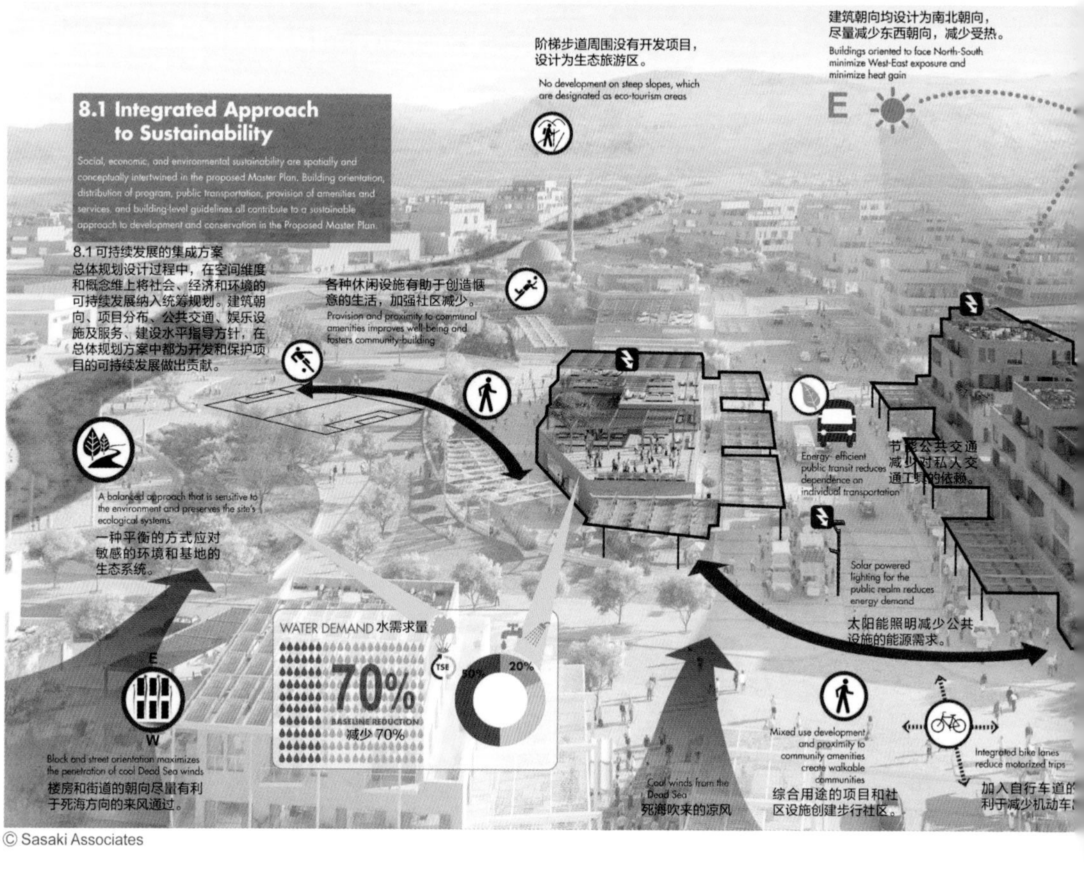
8.1 Integrated Approach to Sustainability
Social, economic, and environmental sustainability are spatially and conceptually intertwined in the proposed Master Plan. Building orientation, distribution of program, public transportation, provision of amenities and services, and building-level guidelines all contribute to a sustainable approach to development and conservation in the Proposed Master Plan.
8.1 可持续发展的集成方案
总体规划设计过程中，在空间维度和概念维上将社会、经济和环境的可持续发展纳入统筹规划。建筑朝向、项目分布、公共交通、娱乐设施及服务、建设水平指导方针，在总体规划方案中都为开发和保护项目的可持续发展做出贡献。
阶梯步道周围没有开发项目，设计为生态旅游区。
No development on steep slopes, which are designated as eco-tourism areas
建筑朝向均设计为南北朝向，尽量减少东西朝向，减少受热。
Buildings oriented to face North-South minimize West-East exposure and minimize heat gain
E
各种休闲设施有助于创造惬意的生活，加强社区减少。
Provision and proximity to communal amenities improves well-being and fosters community-building
A balanced approach that is sensitive to the environment and preserves the site's ecological systems
一种平衡的方式应对敏感的环境和基地的生态系统。
Energy-efficient public transit reduces dependence on individual transportation
节能公共交通减少对私人交通工具的依赖。
Solar powered lighting for the public realm reduces energy demand
太阳能照明减少公共设施的能源需求。
WATER DEMAND 水需求量
70%
BASELINE REDUCTION
减少70%
TSE
50%
20%
E
W
Block and street orientation maximizes the penetration of cool Dead Sea winds
楼房和街道的朝向尽量有利于死海方向的来风通过。
Cool winds from the Dead Sea
死海吹来的凉风
Mixed use development and proximity to community amenities create walkable communities
综合用途的项目和社区设施创建步行社区。
Integrated bike lanes reduce motorized trips
加入自行车道的利于减少机动车

© Sasaki Associates

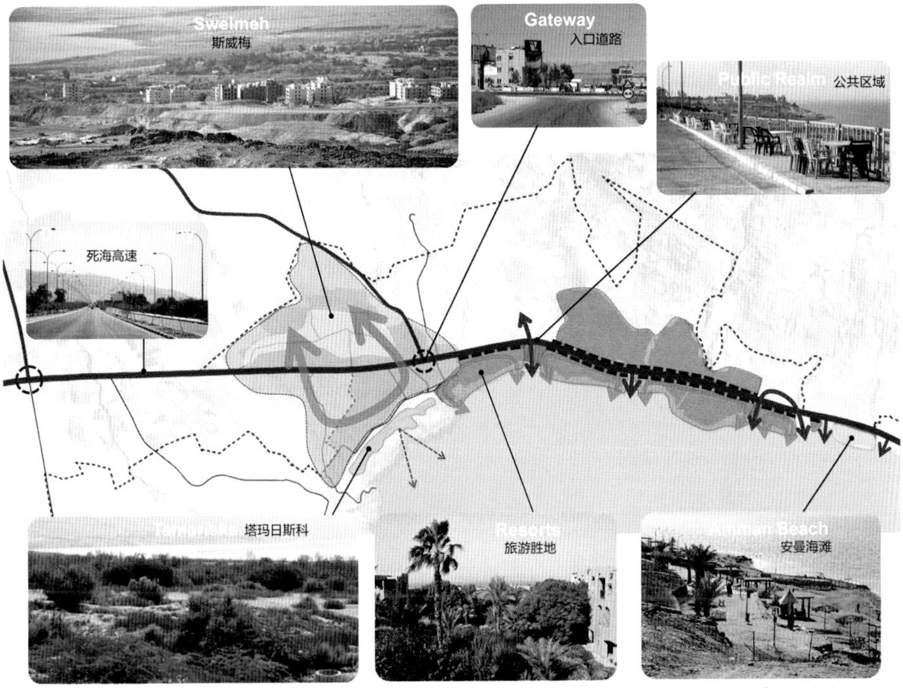
Sweimeh
斯威梅
Gateway
入口道路
Public Realm
公共区域
死海高速
塔玛日斯科
Resorts
旅游胜地
安曼海滩

© Sasaki Associates

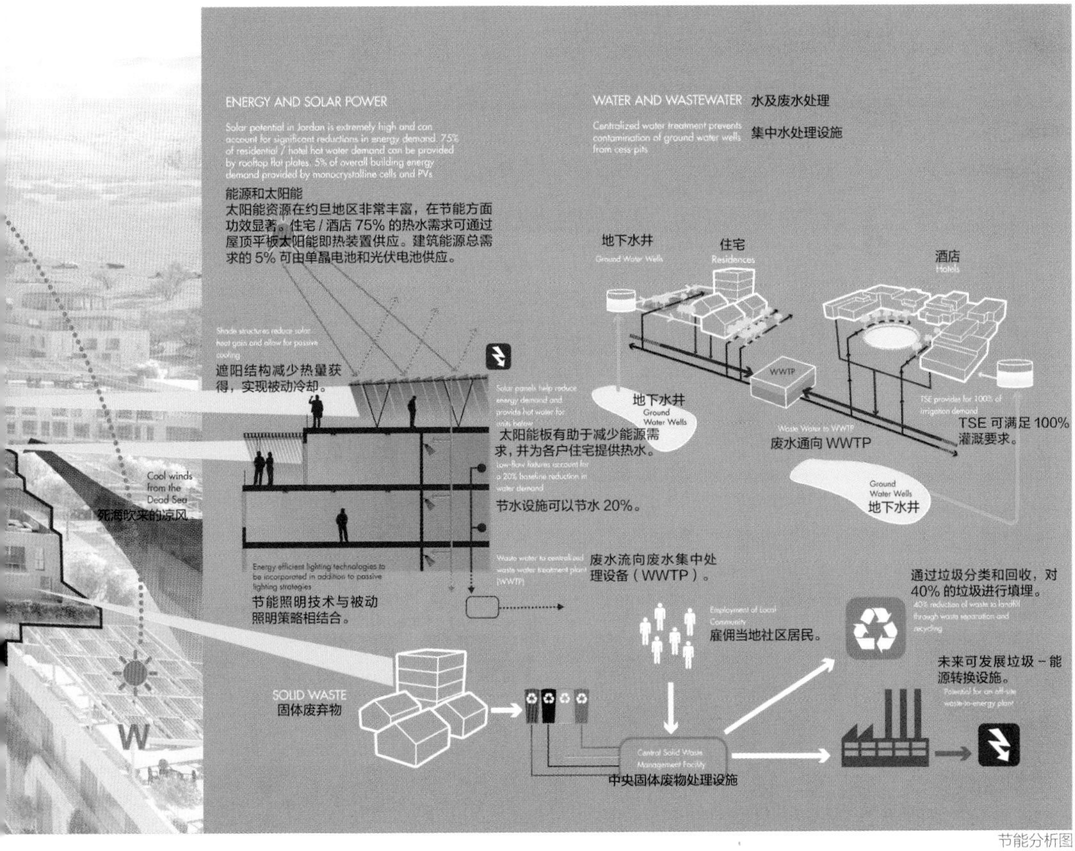
ENERGY AND SOLAR POWER
Solar potential in Jordan is extremely high and can account for significant reductions in energy demand. 75% of residential / hotel hot water demand can be provided by rooftop flat plates. 5% of overall building energy demand provided by monocrystalline cells and PVs
能源和太阳能
太阳能资源在约旦地区非常丰富，在节能方面功效显著。住宅 / 酒店 75% 的热水需求可通过屋顶平板太阳能即热装置供应。建筑能源总需求的 5% 可由单晶电池和光伏电池供应。
Shade structures reduce solar heat gain and allow for passive cooling
遮阳结构减少热量获得，实现被动冷却。
Solar panels help reduce energy demand and provide hot water for units below
太阳能板有助于减少能源需求，并为各户住宅提供热水。
Low-flow fixtures account for a 20% baseline reduction in water demand
节水设施可以节水 20%。
Cool winds from the Dead Sea
死海吹来的凉风
Energy efficient lighting technologies to be incorporated in addition to passive lighting strategies
节能照明技术与被动照明策略相结合。
Waste water to centralized waste water treatment plant (WWTP)
废水流向废水集中处理设备（WWTP）。
WATER AND WASTEWATER
水及废水处理
Centralized water treatment prevents contamination of ground water wells from cess pits
集中水处理设施
地下水井
Ground Water Wells
住宅
Residences
酒店
Hotels
WWTP
地下水井
Ground Water Wells
Waste Water to WWTP
废水通向 WWTP
TSE provides for 100% of irrigation demand
TSE 可满足 100% 灌溉要求。
Ground Water Wells
地下水井
通过垃圾分类和回收，对 40% 的垃圾进行填埋。
Employment of Local Community
雇佣当地社区居民。
未来可发展垃圾 - 能源转换设施。
SOLID WASTE
固体废弃物
Central Solid Waste Management Facility
中央固体废物处理设施
W

节能分析图

守添新城区域规划

Thu Thiem New Urban Area

© Sasaki Associates

鸟瞰[

项目概况

项目位置：越南 · 胡志明市

规模：6.5 平方千米

现况：进程中

设计单位：Sasaki Aso

委托方：守添新城开发管理委员会

Sasaki 设计团队：Dennis Pieprz，Mitch Glass，Romil Sheth，Vee Petchthevee，Hsing-Chin Lee，Haley Heard，Ken Goulding，Andy McClurg，Victor Eskinazi

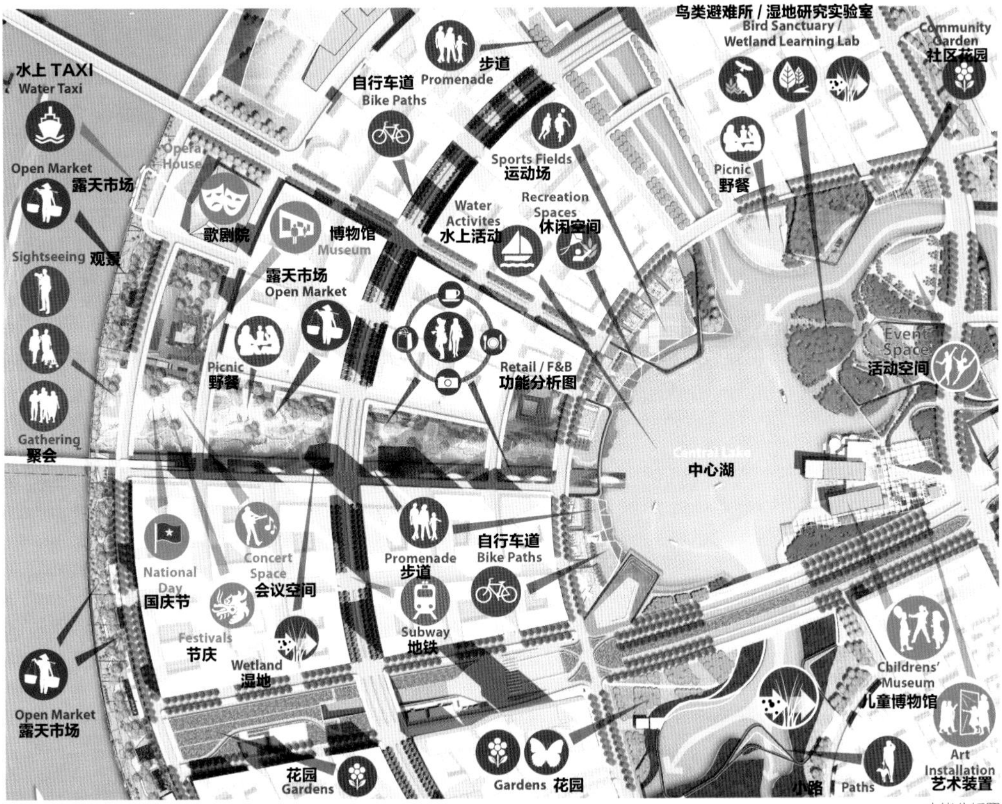

© Sasaki Associates

功能分析图

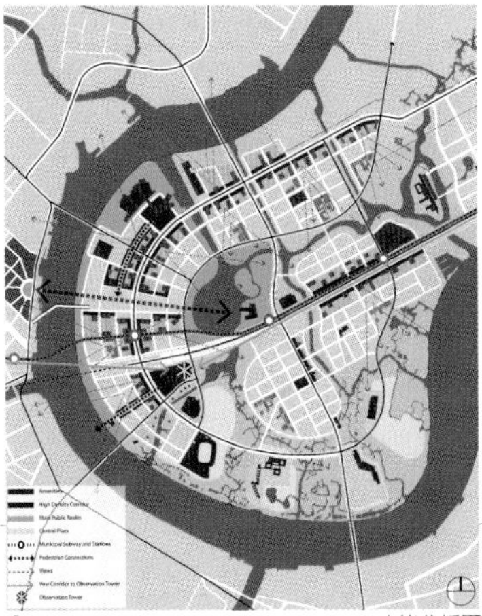

休闲空间
高密度走廊
主要公共区域
中央广场
市政地铁和站点
步行通路
视线
前往观光塔的路线
观光塔

© Sasaki Associates 功能分析图

从胡志明市历史城中心区跨过西贡河，守添区位于 657 公顷的半岛。Sasaki 为守添制定的总体规划历时九年——从 2003 年 Sasaki 获得国际设计竞赛第一名到 2012 年为守添投资和建设局提供的持续工作。Sasaki 的总体规划重点放在把守添发展成一个可持续的充满活力的混合功能中心商业区。规划建立在交通、用地和公共空间框架基础上，整合了现有西贡河下游的生态状况，并呼应了越南南部的气候。守添的规划增强了城市与河流的特殊联系，成为胡志明市长期可持续性发展的模范。

© Sasaki Associates

日照及通风分析图

TRANSPORTATION 交通
综合交通系统创造步行社区，减少机动车使用量。

水上 TAXI

HYDROLOGY
水文层面
水渠通往中心湖和南部三角洲，涨潮时用于集水，同时用作净化水质的过滤系统

CRESCENT PARK
新月公园
城市观光，当地社区，游客，休闲，总体规划设计了沿西贡河展开的公共开放空间系统。

临近的公园
临近的公共空间提高舒适感，促进社区建设。
NEIGHBORHOOD PARK

SCHOOL

MIXED USE
混合用途

居民
RESIDENTIAL

SHARED FACILITIES 共享设施
运动场和学校设施供周边社区使用。

SCHOOL
学校

COMMUNITY FACILITIES
社区设施

MIXED USE

OPEN SPACE CONNECTIVITY
开敞空间连接通道

综合利用
为社区活动提供综合用途的设施和步行可及的环境。

新月大道
CRESCENT BLVD

绿色屋顶收集雨水并减少总体用水需求，将降低雨水流失量，同时提供优美的室外空间。

SCHOOL
学校

SOFTWARE TECHNOLOGY DISTRICT
软件科技园区
办公和服务区全部集成于城市框架之中。

CENTRAL LAKE 中心湖
居民，儿童博物馆，运动场，观光客

市政厅
CITY HALL

© Sasaki Associates

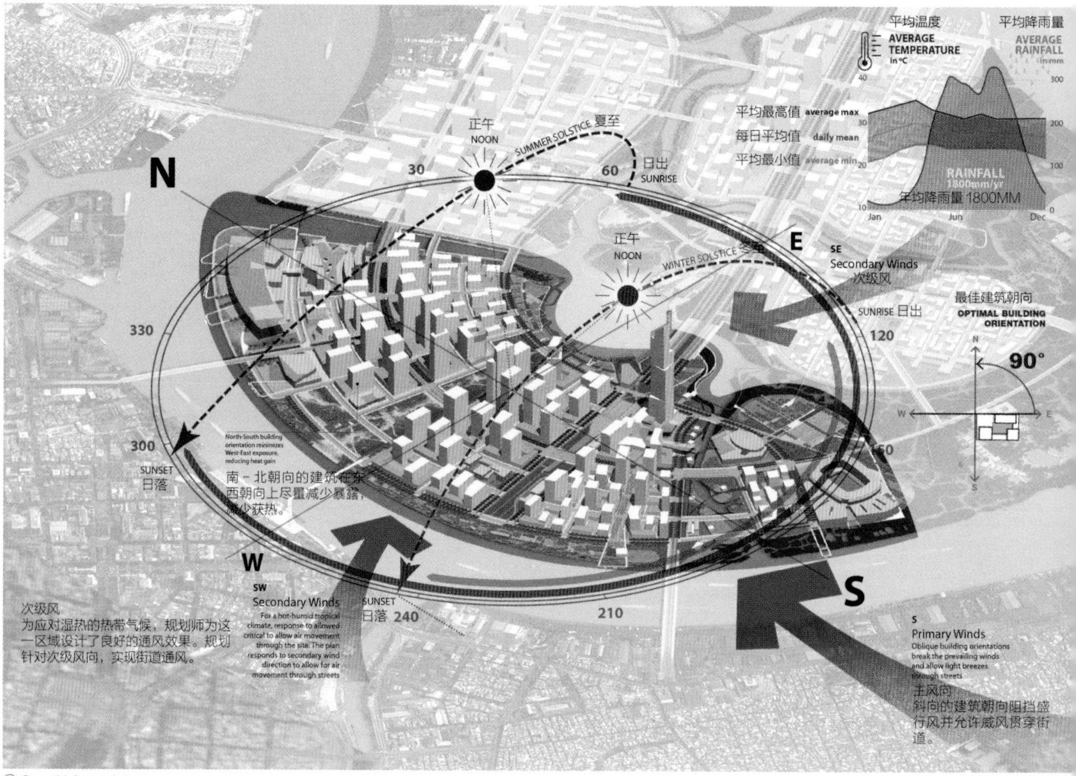

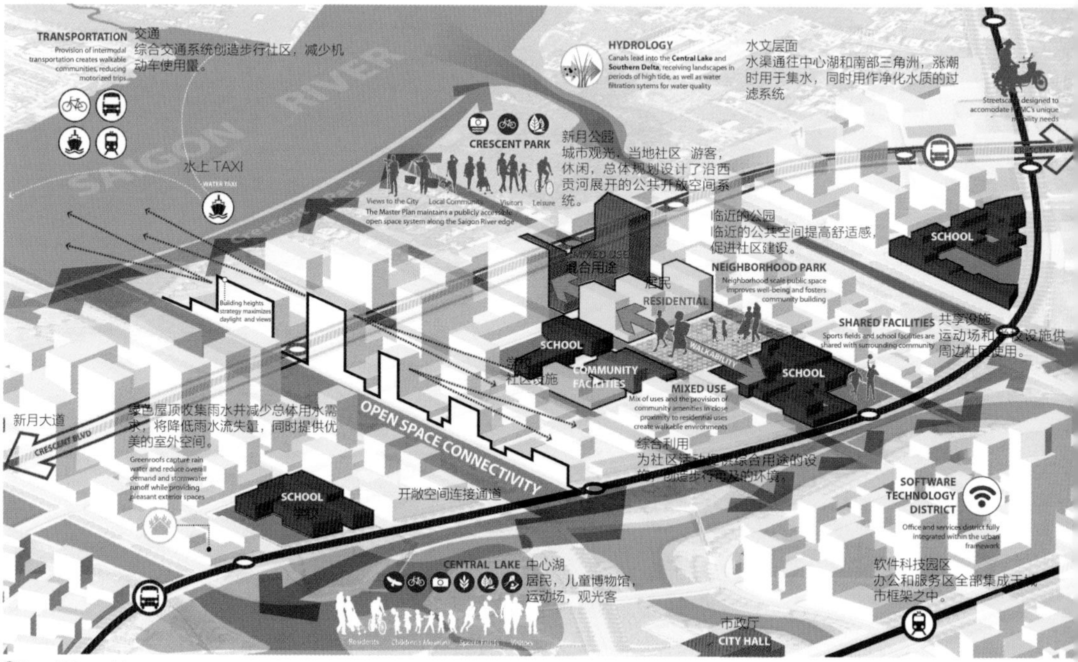

区域分析图

水文策略
守添是一个地势低洼的半岛，分布着之前修建的运河和红树林。守添平均海拔高度 +1 米，完全与西贡河的生态系统融合一体。为了反映这一状况，总体规划为水系设计了一个开放系统——采取一些列水文创新措施——创造一个完整保护河道环境的可持续开发项目。

开发区地面最低高度为 2.5 米，为预防极端涨潮情况而设计，同时考虑到未来五十年中海平面上升的情况。减轻城市洪水危害。

规划中的开敞空间用于对雨水和缓慢径流中的污染物进行第一道过滤。在涨潮时，中心湖和湿地将被淹。

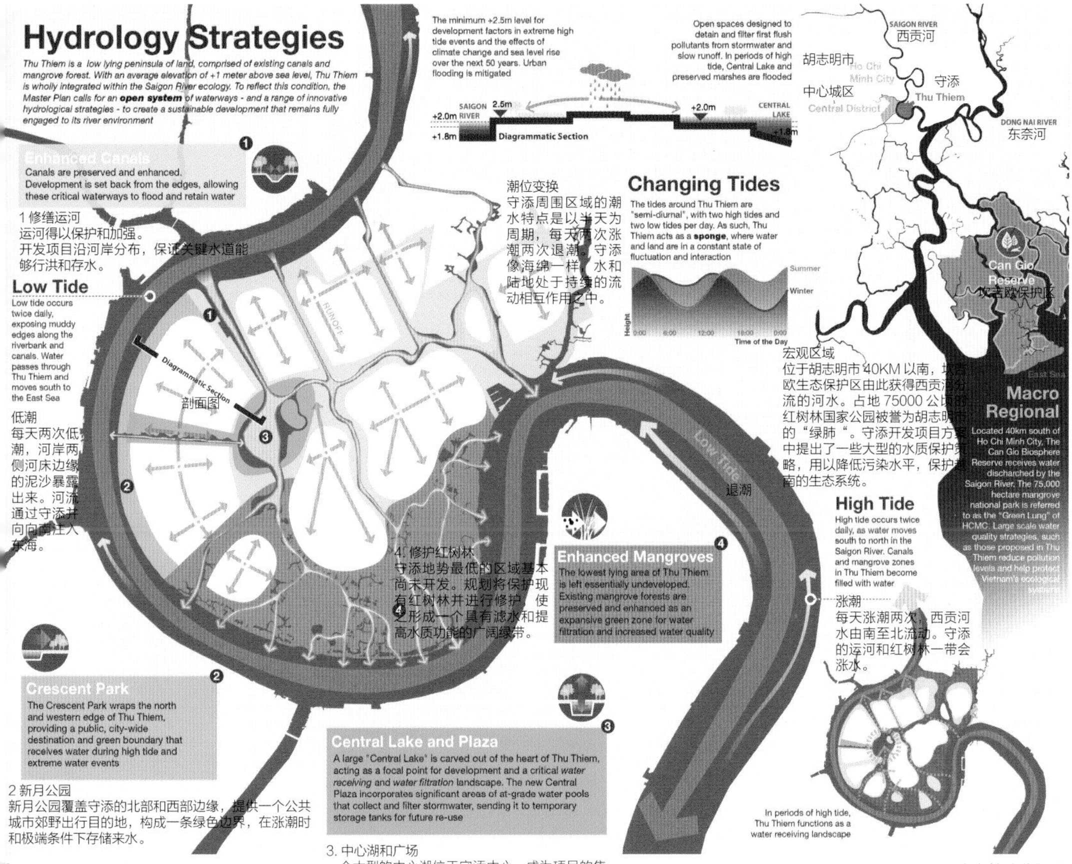

Hydrology Strategies
Thu Thiem is a low lying peninsula of land, comprised of existing canals and mangrove forest. With an average elevation of +1 meter above sea level, Thu Thiem is wholly integrated within the Saigon River ecology. To reflect this condition, the Master Plan calls for an open system of waterways - and a range of innovative hydrological strategies - to create a sustainable development that remains fully engaged to its river environment
The minimum +2.5m level for development factors in extreme high tide events and the effects of climate change and sea level rise over the next 50 years. Urban flooding is mitigated
Open spaces designed to detain and filter first flush pollutants from stormwater and slow runoff. In periods of high tide, Central Lake and preserved marshes are flooded
SAIGON RIVER
2.5m
+2.0m
+1.8m
Diagrammatic Section
+2.0m
CENTRAL LAKE
+1.8m
SAIGON RIVER
西贡河
胡志明市
Ho Chi Minh City
守添
Thu Thiem
中心城区
Central District
DONG NAI RIVER
东奈河
Enhanced Canals
Canals are preserved and enhanced. Development is set back from the edges, allowing these critical waterways to flood and retain water
1 修缮运河
运河得以保护和加强。
开发项目沿河岸分布，保证关键水道能够行洪和存水。
潮位变换
守添周围区域的潮水特点是以半天为周期，每天两次涨潮两次退潮。守添像海绵一样，水和陆地处于持续的流动相互作用之中。
Changing Tides
The tides around Thu Thiem are "semi-diurnal", with two high tides and two low tides per day. As such, Thu Thiem acts as a sponge, where water and land are in a constant state of fluctuation and interaction
Summer
Winter
Height
0:00
6:00
12:00
18:00
0:00
Time of the Day
Can Gio Reserve
坎吉欧保护区
Low Tide
Low tide occurs twice daily, exposing muddy edges along the riverbank and canals. Water passes through Thu Thiem and moves south to the East Sea
RUNOFF
Diagrammatic Section
剖面图
低潮
每天两次低潮，河岸两侧河床边缘的泥沙暴露出来。河流通过守添并向南注入东海。
宏观区域
位于胡志明市 40KM 以南，坎吉欧生态保护区由此获得西贡河分流的河水。占地 75000 公顷的红树林国家公园被誉为胡志明市的“绿肺“。守添开发项目方案中提出了一些大型的水质保护策略，用以降低污染水平，保护越南的生态系统。
Macro Regional
Located 40km south of Ho Chi Minh City, The Can Gio Biosphere Reserve receives water discharched by the Saigon River. The 75,000 hectare mangrove national park is referred to as the "Green Lung" of HCMC. Large scale water quality strategies, such as those proposed in Thu Thiem reduce pollution levels and help protect Vietnam's ecological systems
Low Tide
退潮
High Tide
High tide occurs twice daily, as water moves south to north in the Saigon River. Canals and mangrove zones in Thu Thiem become filled with water
涨潮
每天涨潮两次，西贡河水由南至北流动。守添的运河和红树林一带会涨水。
4. 修护红树林
守添地势最低的区域基本尚未开发。规划将保护现有红树林并进行修护，使之形成一个具有滤水和提高水质功能的广阔绿带。
Enhanced Mangroves
The lowest lying area of Thu Thiem is left essentially undeveloped. Existing mangrove forests are preserved and enhanced as an expansive green zone for water filtration and increased water quality
Crescent Park
The Crescent Park wraps the north and western edge of Thu Thiem, providing a public, city-wide destination and green boundary that receives water during high tide and extreme water events
2 新月公园
新月公园覆盖守添的北部和西部边缘，提供一个公共城市郊野出行目的地，构成一条绿色边界，在涨潮时和极端条件下存储来水。
Central Lake and Plaza
A large "Central Lake" is carved out of the heart of Thu Thiem, acting as a focal point for development and a critical water receiving and water filtration landscape. The new Central Plaza incorporates significant areas of at-grade water pools that collect and filter stormwater, sending it to temporary storage tanks for future re-use
In periods of high tide, Thu Thiem functions as a water receiving landscape

3. 中心湖和广场
一个大型的中心湖位于守添中心，成为项目的焦点区域，一处核心集水、净水景观。新中央广场在同一水平面上设计了水池，用于收集和过滤雨水，将其输送至备用储水箱。

水文策略分析图

Sasaki 为守添制定的规划还强调与河滨区的联系、与历史城市中心的链接、以及一个紧凑且灵活的城市形态。规划提高了密度，促进了整合的公共交通（水上和陆地），以及合理的街道和建筑朝向，鼓励空气对流和自然降温。规划将自然三角洲的景观和河流的涨落融合到城市结构中，保护了本土的植被。关键的生态策略是保持守添 " 开放系统 " 的特点——通过自然和人工运河、湖泊和红树林区适应潮汐状况和高水位时期。方案中所有的住宅区都位于水域和公共空间附近。

在未来 20 年内，守添将容纳 130000 多名新居民。自从 2005 年以来，已根据 Sasaki 的规划工作建成了三个主要的基础设施链接。守添桥将守添与北边的现有城市直接相连。东西走向的高速路——根据 Sasaki 原总体规划——也已施工建成，将守添与东边新的住宅和商业区相连，打开了通向多样化开发机会的通道。建成的东西走向隧道从西贡河下穿过，将历史性一区和守添相连。在未来，标志性的人行桥将连接守添中央广场—将成为整个越南最大的公共空间之一——迷灵广场位于河流的西边。

另外三座行车桥将在未来 50 年中根据 Sasaki 的规划建造。Sasaki 的总体规划还涉及一座 86 层的混合功能塔楼，目前正与胡志明市一家私人开发商合作进行概念性设计。该建筑位于关键的视觉轴线上，将成为守添建筑轮廓线中的地标性建筑。2008 年，Sasaki 主持并评审了为中央广场、新月公园、和西贡河人行桥的一次国际设计竞赛。2011 年，业主—守添投资和建设局—聘请 Sasaki 制定 1：2000 总体规划调整，协调了一系列公共研讨会，并整合了自 2005 年总体规划通过后的开发和新策略。

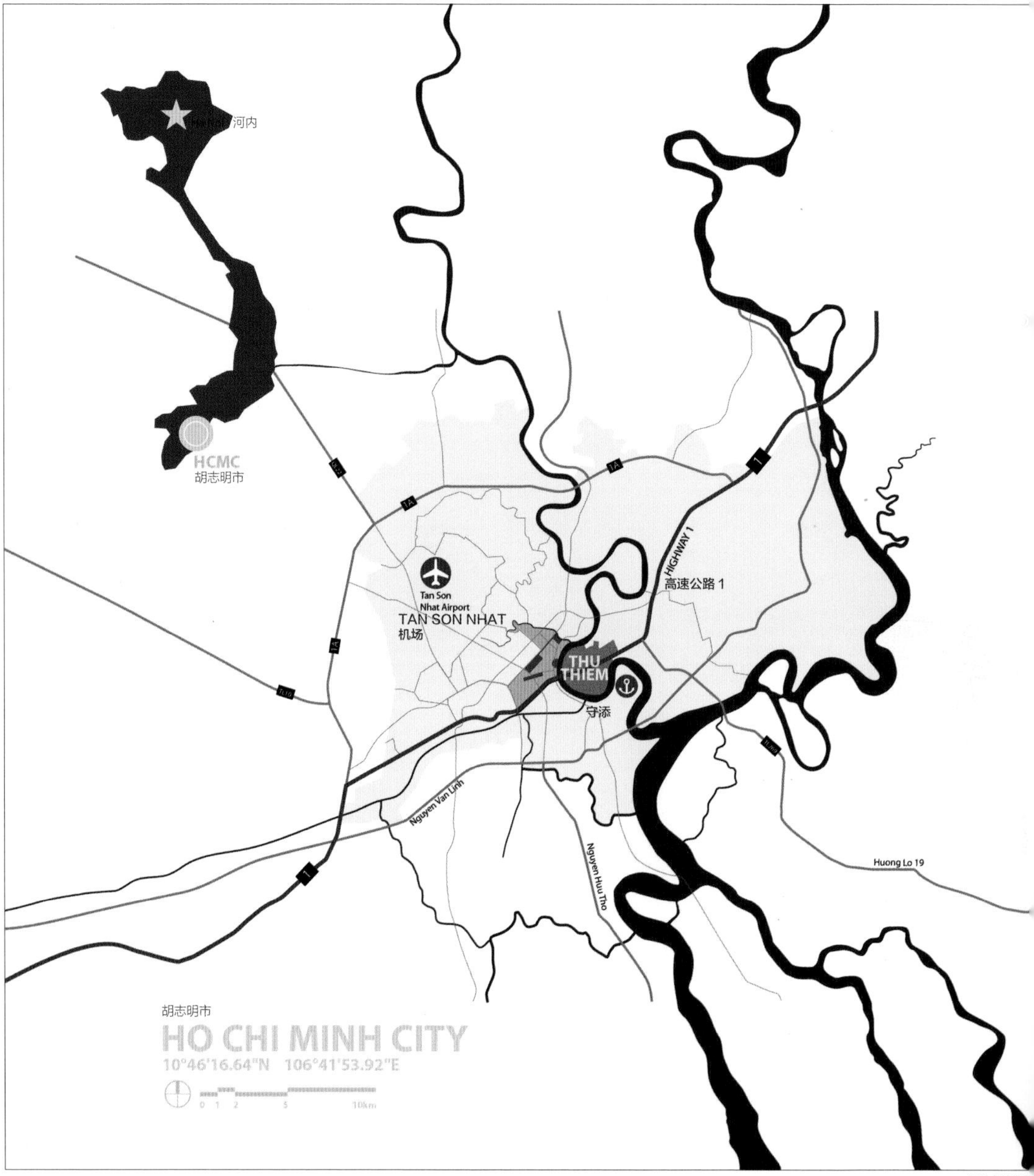
河内
HCMC
胡志明市
1A
Tan Son
Nhat Airport
TAN SON NHAT
机场
THU
THIEM
守添
HIGHWAY 1
高速公路 1
1
Nguyen Van Linh
Nguyen Huu Tho
Huong Lo 19
胡志明市
HO CHI MINH CITY
10°46'16.64"N 106°41'53.92"E
0 1 2 5 10km

区域分析

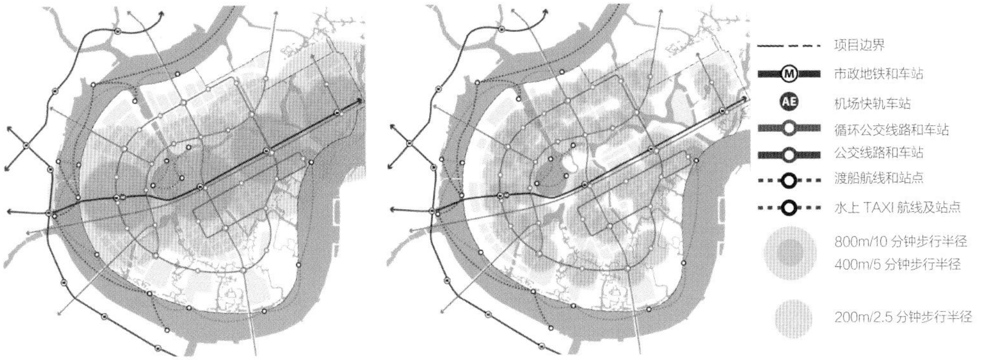

区位分析图

Conceptual Strategies 规划措施

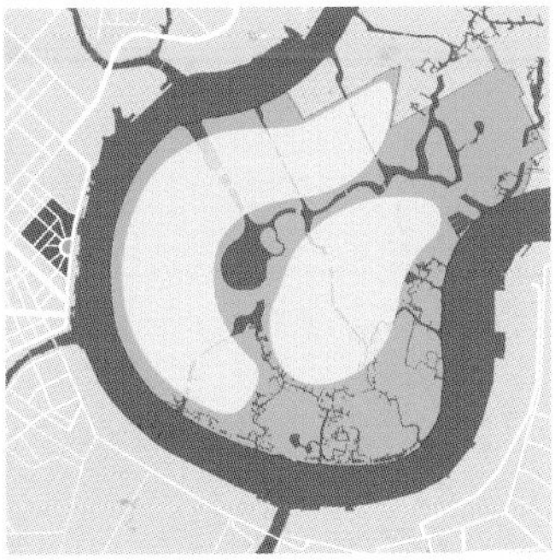

开发区域
在守添，邻近开发区沿着自然形成的高地展开。这将保护流域，将填河造地工程量减到最小。

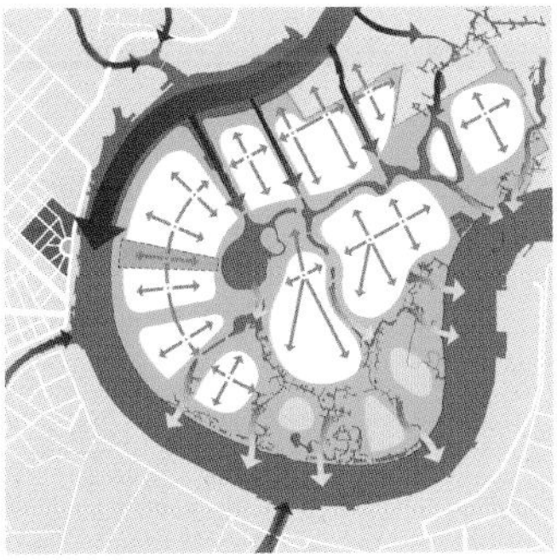

水利
守添利用收水区和强化的植物物种成为一个自然过滤系统，这个开放系统接受西贡河注入的潮水。

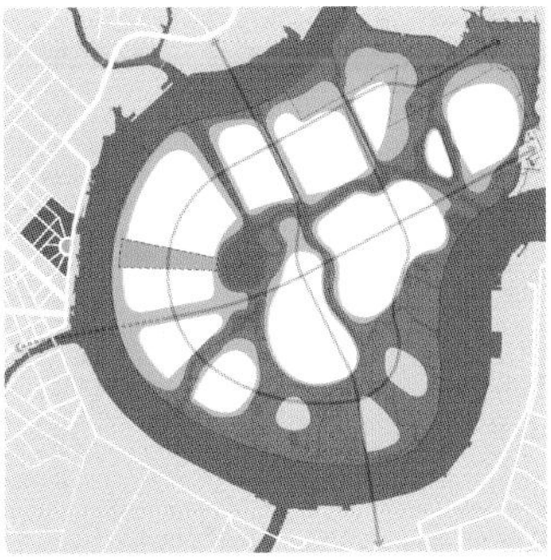

雨水处理
为了应对极大潮和洪水，将指定区域最少抬高 2.5 米，并使周边景区可以接受来水（洪水）。

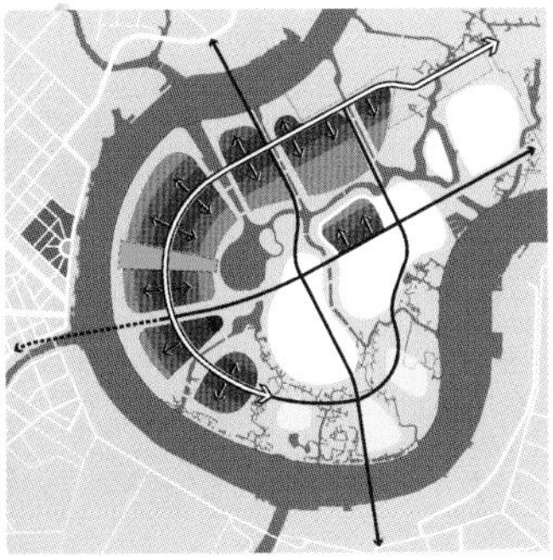

空间脊线
新月大道作为亮点或“空间脊线”，主要大型活动都将沿其展开，强调西贡河及中央湖的景观效果，新月大道是守添的主要名片。

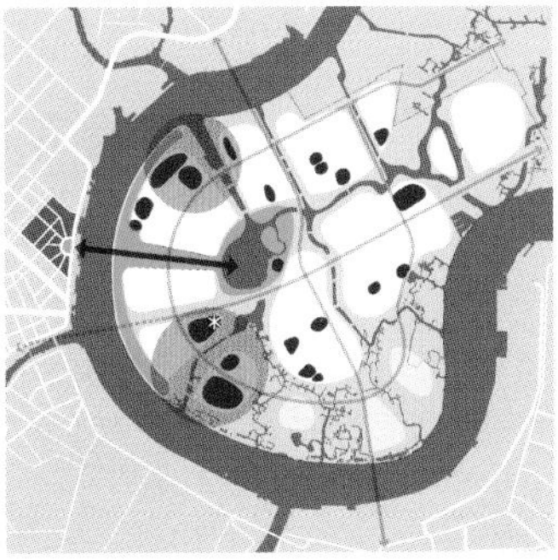

公用设施
主要分布于南部和北部的公用设施环绕着一个新的核心区域，这个区域与河对岸的老城一区直接关联。这些设施与其他遍布于守添的设施一起构成了一个富有活力、综合功能的开发项目。

交通
主要道路勾勒了项目区域和邻近区域的轮廓，规划中包括一条地下铁线路，整个区域都设计了行人友好的街道，以及水运公共交通，创造了贯通环绕守添的全方位交通通路。

规划措施分析图

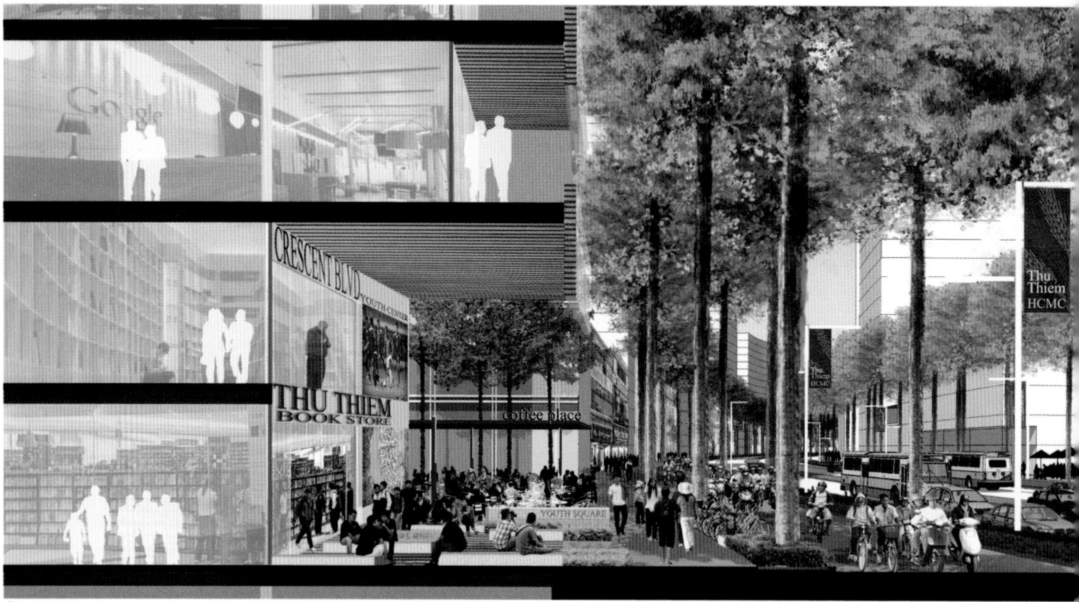

透视

Central Lake Flood and Tidal Fluctuation : Landscape Transformation 中央湖和潮水：景观改造

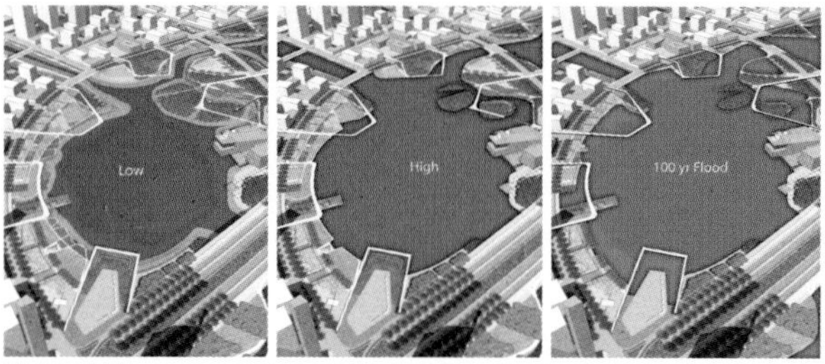

西贡河潮水的变化影响和改变着中心湖公园周围的景观和形态。为适应涨潮和退潮的情况，河岸边缘种植了湿地植物并铺设了木板步道，使行人与水面更加接近。多种开敞休闲空间成为出行目的地，当极大潮水来临时，可用于容纳洪水。

Saigon River Tidal changes influence and transform the shape and experience around the Central Lake Park. The edges are designed to accomodate high and low tides with wetland plantings and boardwalks that bring pedestrains closer to the water. Various flexible open spaces serve as detention areas that allow extreme high tides to fill these zones and be held for a period of time

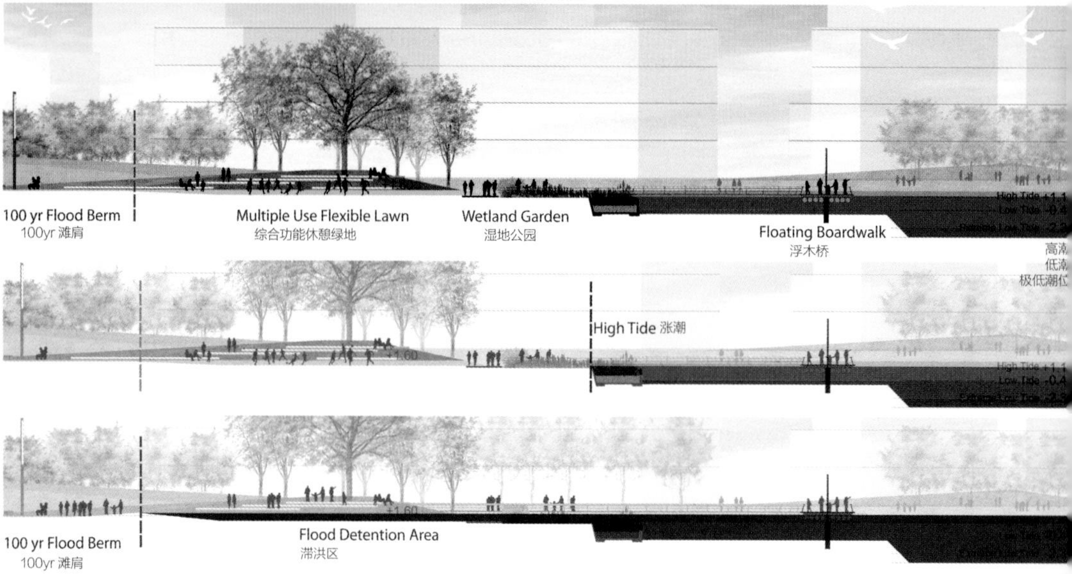

中央湖景观改造示意

世界各国都在研究绿色建筑可持续发展标准。政府和开发商认识到节约能源和提高当地环境水平对于健康、安全和公民福祉的重要性。
在守添，环境可持续策略必须植入到项目的每一个方面。总体规划考虑了街道朝向、建筑朝向、风向，雨水收集设施，灌溉设备和守添三角洲旧城改造等内容。

被动策略
建筑采用南北朝向，尽量减少东西向暴晒，减少获热并最大化通风
在东－西向立面遮光设备和活动窗进一步减少获热，实现交叉通风。

能源利用 / 产生
主动措施
A. 一项环境策略将少照明能耗46%。
B. 冷梁系统与其他制冷措施结合可节能 50%。
C. 地下空气分配系统提供高质量空气，节能并减少建筑高度。

通往中心湖和南部三角洲的水渠，在涨水时集水，同时用作提高水质的水净化系统。

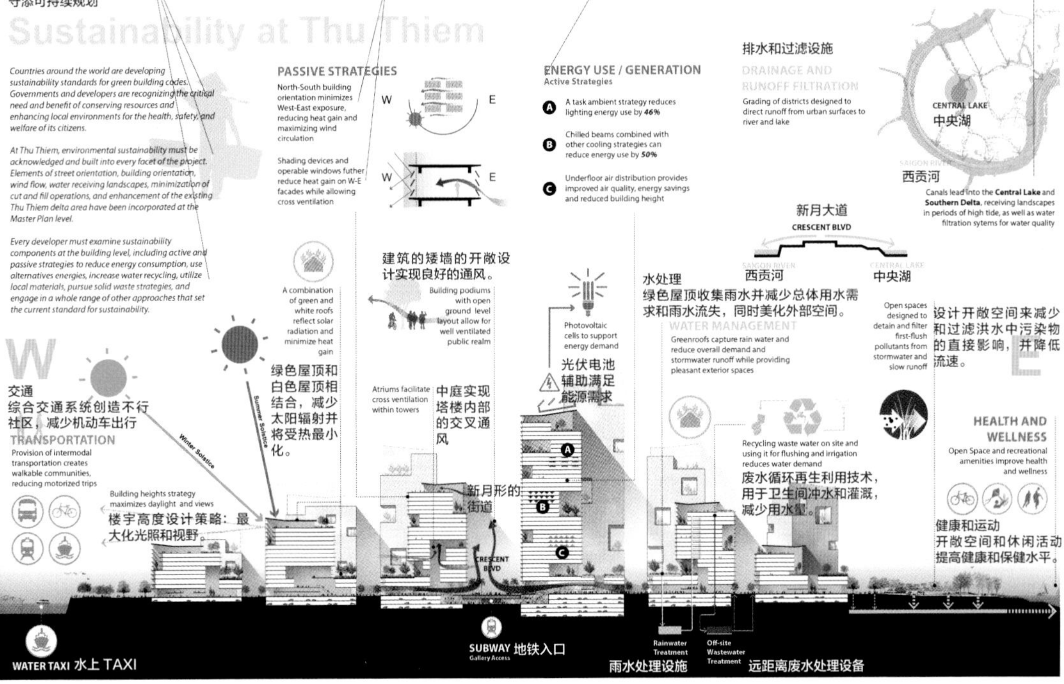

守添可持续规划
Sustainability at Thu Thiem
Countries around the world are developing sustainability standards for green building codes. Governments and developers are recognizing the critical need and benefit of conserving resources and enhancing local environments for the health, safety, and welfare of its citizens.
At Thu Thiem, environmental sustainability must be acknowledged and built into every facet of the project. Elements of street orientation, building orientation, wind flow, water receiving landscapes, minimization of cut and fill operations, and enhancement of the existing Thu Thiem delta area have been incorporated at the Master Plan level.
Every developer must examine sustainability components at the building level, including active and passive strategies to reduce energy consumption, use alternatives energies, increase water recycling, utilize local materials, pursue solid waste strategies, and engage in a whole range of other approaches that set the current standard for sustainability.
PASSIVE STRATEGIES
North-South building orientation minimizes West-East exposure, reducing heat gain and maximizing wind circulation
W
E
Shading devices and operable windows futher reduce heat gain on W-E facades while allowing cross ventilation
W
E
ENERGY USE / GENERATION
Active Strategies
A task ambient strategy reduces lighting energy use by 46%
Chilled beams combined with other cooling strategies can reduce energy use by 50%
Underfloor air distribution provides improved air quality, energy savings and reduced building height
排水和过滤设施
DRAINAGE AND RUNOFF FILTRATION
Grading of districts designed to direct runoff from urban surfaces to river and lake
CENTRAL LAKE
中央湖
SAIGON RIVER
西贡河
Canals lead into the Central Lake and Southern Delta, receiving landscapes in periods of high tide, as well as water filtration sytems for water quality
新月大道
CRESCENT BLVD
SAIGON RIVER
西贡河
CENTRAL LAKE
中央湖
A combination of green and white roofs reflect solar radiation and minimize heat gain
建筑的矮墙的开敞设计实现良好的通风。
Building podiums with open ground level layout allow for well ventilated public realm
Photovoltaic cells to support energy demand
水处理
绿色屋顶收集雨水并减少总体用水需求和雨水流失，同时美化外部空间。
WATER MANAGEMENT
Greenroofs capture rain water and reduce overall demand and stormwater runoff while providing pleasant exterior spaces
Open spaces designed to detain and filter first-flush pollutants from stormwater and slow runoff
设计开敞空间来减少和过滤洪水中污染物的直接影响，并降低流速。
W
E
交通
综合交通系统创造不行社区，减少机动车出行
TRANSPORTATION
Provision of intermodal transportation creates walkable communities, reducing motorized trips
Winter Solstice
Summer Solstice
绿色屋顶和白色屋顶相结合，减少太阳辐射并将受热最小化。
Atriums facilitate cross ventilation within towers
中庭实现塔楼内部的交叉通风
光伏电池辅助满足能源需求
Recycling waste water on site and using it for flushing and irrigation reduces water demand
废水循环再生利用技术，用于卫生间冲水和灌溉，减少用水量。
HEALTH AND WELLNESS
Open Space and recreational amenities improve health and wellness
Building heights strategy maximizes daylight and views
楼宇高度设计策略：最大化光照和视野。
新月形的街道
CRESCENT BLVD
健康和运动
开敞空间和休闲活动提高健康和保健水平。
WATER TAXI 水上 TAXI
SUBWAY 地铁入口
Gallery Access
Rainwater Treatment
雨水处理设施
Off-site Wastewater Treatment
远距离废水处理设备

CRESCENT PARK 新月公园
城市观光 当地社区 休闲娱乐

Free and forever open to the public, this 2km long, linear green park along the Saigon River will incorporate a diverse array of active and passive programs and be a stunning new amenity for Thu Thiem and Ho Chi Minh City

长期开放的免费线形绿色公园长2千米，沿西贡河展开，将结合多组主动和被动设施为守添和胡志明市添加新的优美景观。

CRESCENT BOULEVARD 新月大道
购物 商业 会面地点

Thu Thiem's primary roadway and high point, the Crescent Boulevard is modeled after Nguyen Hue Boulevard in HCMC's District 1. It accommodates efficient traffic lanes for automobiles and motorbikes, extensive landscaped areas, and generous pedestrian zones

新月大道是守添的主要道路和制高点，仿照胡志明市一区的 NGUYE HUE 大道设计。道路将节能交通车道与机动车和摩托车道结合在一起，设计了优美的景观区域，以及步行区域。

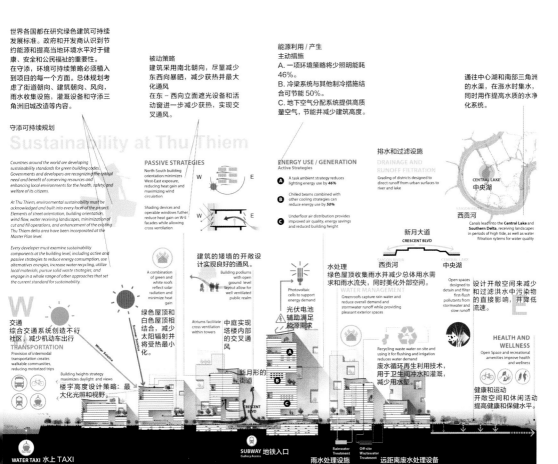

CENTRAL LAKE 中心湖
居民 儿童博物馆 运动场 观众

The Central Lake is designed at the lowest elevations at Thu Thiem and will be an interior focal point of the development. Connected to the Saigon River by new canals, the Lake will receive water during periods of high tides, as well as be a setting for extensive recreational activity and programs for residents and visitors

中心湖位于守添海拔最低的区域，并将成为项目内部的中心焦点。通过新建的水渠与西贡河相连，湖泊将在涨水时收集来水，并成为居民和游客休憩娱乐的户外景点。

可持续规划分析图

济南新城市规划
Jinan New Urban District

© Sasaki Associates

项目概况

项目名称：济南新城市区规划
项目位置：中国 · 济南
竣工日期：建设中
面积：1600 公顷
城市规划设计单位 : Sasaki
设计内容：规划，城市设计，景观设计，市政工程，交通，可持续解决方案
Sasaki 设计团队：Michael Grove，Dennis Pieprz，Dou Zhang，Martin Zorgan，Ming-Jen Hsueh，Tao Zhang，Anthony Fettes，Hsing Lunih Lee，Sejal Agrawal，Sarfraz Momin，Isabel Zempel

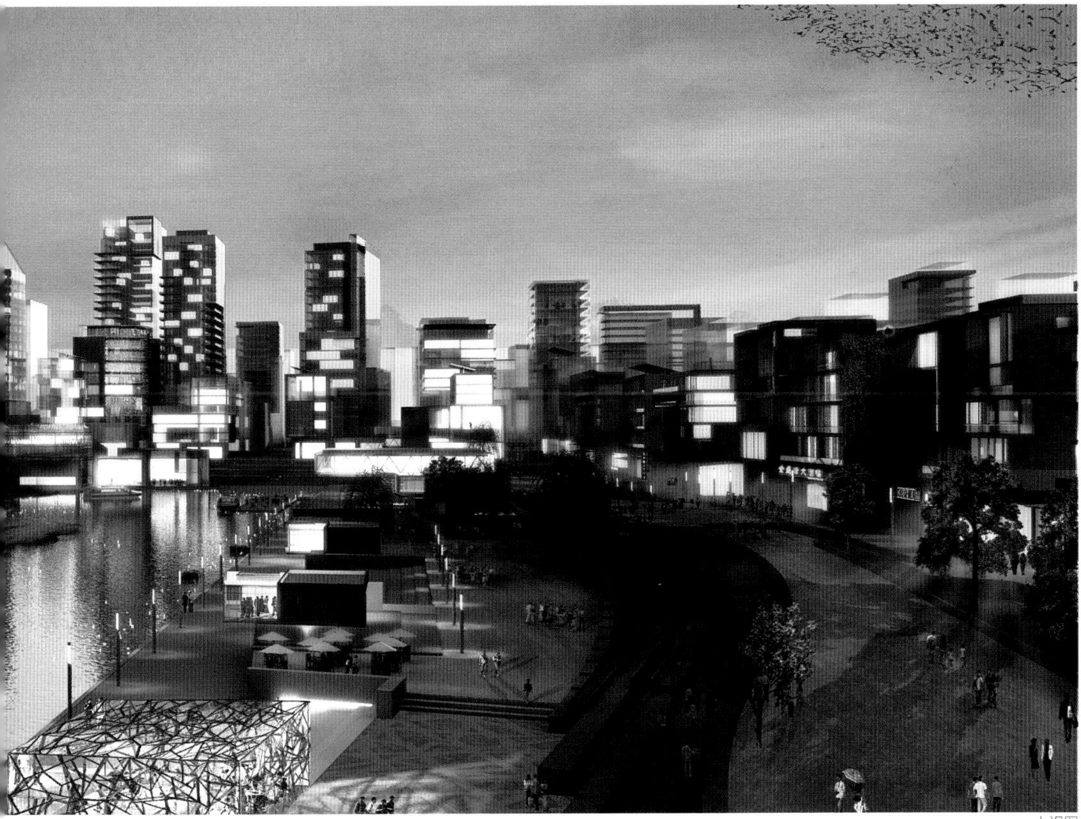

人视图

黄河是世界上力量最强大的河流之一。在历史上，这条不可预知的河流摧毁和淹没了无数村落和农田。因此，黄河是济南开发实际空间和心理上的障碍。虽然城市中心位于升高的高原，北部的低地仍是黄河广阔涝原的一部分。这些低地虽然靠近城市中心，在城市扩展中仍被开发忽视。Sasaki 创新性的总体规划通过用景观吸收洪水的策略解决了开发区的保护问题，为建造可持续的新城区创造了机会。Sasaki 为济南新城区制定的概念是人与自然、保护自然资源与将其用于日常需求、建造销售获利空间和建设为人类谋福利空间之间的平衡。

© Sasaki Associates

模型

© Sasaki Associates

透视图

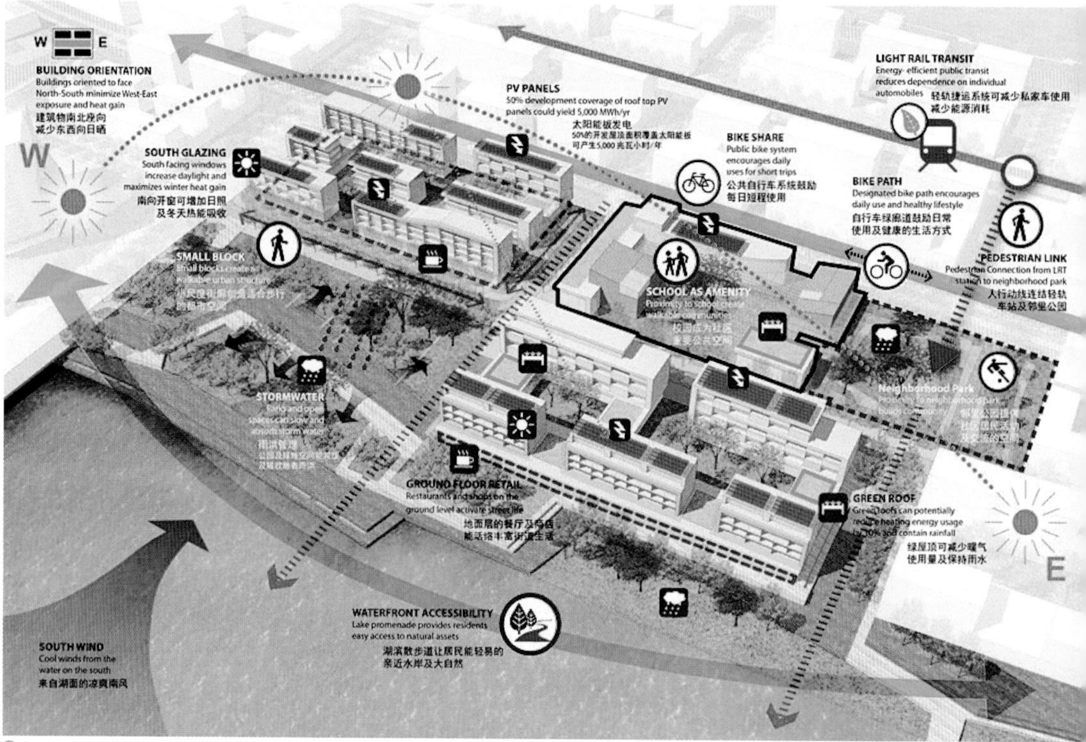
BUILDING ORIENTATION
Buildings oriented to face North-South minimize West-East exposure and heat gain
建筑物南北座向
减少东西向日晒
SOUTH GLAZING
South facing windows increase daylight and maximizes winter heat gain
南向开窗可增加日照
及冬天热能吸收
PV PANELS
50% development coverage of roof top PV panels could yield 5,000 MWh/yr
太阳能板发电
BIKE SHARE
Public bike system encourages daily uses for short trips
公共自行车系统鼓励
每日短程使用
LIGHT RAIL TRANSIT
Energy-efficient public transit reduces dependence on individual automobiles
轻轨捷运系统可减少私家车使用
减少能源消耗
BIKE PATH
Designated bike path encourages daily use and healthy lifestyle
自行车绿廊道鼓励日常
使用及健康的生活方式
PEDESTRIAN LINK
人行动线连结轻轨
车站及邻里公园
SMALL BLOCK
SCHOOL AS AMENITY
STORMWATER
Neighborhood Park
GROUND FLOOR RETAIL
Restaurants and shops on the ground level activate street life
GREEN ROOF
绿屋顶可减少暖气
使用量及保持雨水
WATERFRONT ACCESSIBILITY
Lake promenade provides residents easy access to natural assets
湖滨散步道让居民能轻易的
亲近水岸及大自然
SOUTH WIND
Cool winds from the water on the south
来自湖面的凉爽南风
W
E

© Sasaki Associates

5 创建一个与自然和谐共存的健康社区
生活
Lifestyle
4 创造区域性旅游景点以凸显基地历史的特殊性并以广阔湖泊水体作为公共文化设施
旅游
Tourism
金岸水城
1 保护居民与基地的投资免于两百年的天然灾害
2 加强基础设施以减缓暴雨造成的洪泛，提供农业灌溉的储存水量，并改善水质
3 恢复生物多样性与栖息地作为黄河沿岸的示范开发
6 利用多元化的商业中心来强化济南成长带
商务
Business
生态/水体
Ecology / Water

在过去的二十多年，黄河建成了上游水坝，增强了防洪堤系统，并创造了洪水分散区。这些努力综合起来共同有力地降低了主要洪水的威胁。实际上，今天对新开发区最大的威胁已不是河流，而是人类。过度的开发导致不透水表面的增加以及尺寸过小的基础设施，已不能适应季风性降雨，因此强调对雨洪管理的需求是确定济南社会、经济和环境安全性的关键部分。

规划在实际空间上形成相互交叉的指状结构，成为规划驱动性远景的恰当标志：城市开发和自然系统受到同等重视并密不可分地联系起来。沿各个手指各处，居民离滨水区或主要的公园都不超出短距离的步行范围。该线形的形态还最大限度地增加了城市与景观之间的连接，为社区提供了自然视野和通道，增加了开发区的价值。

© Sasaki Associates

© Sasaki Associates

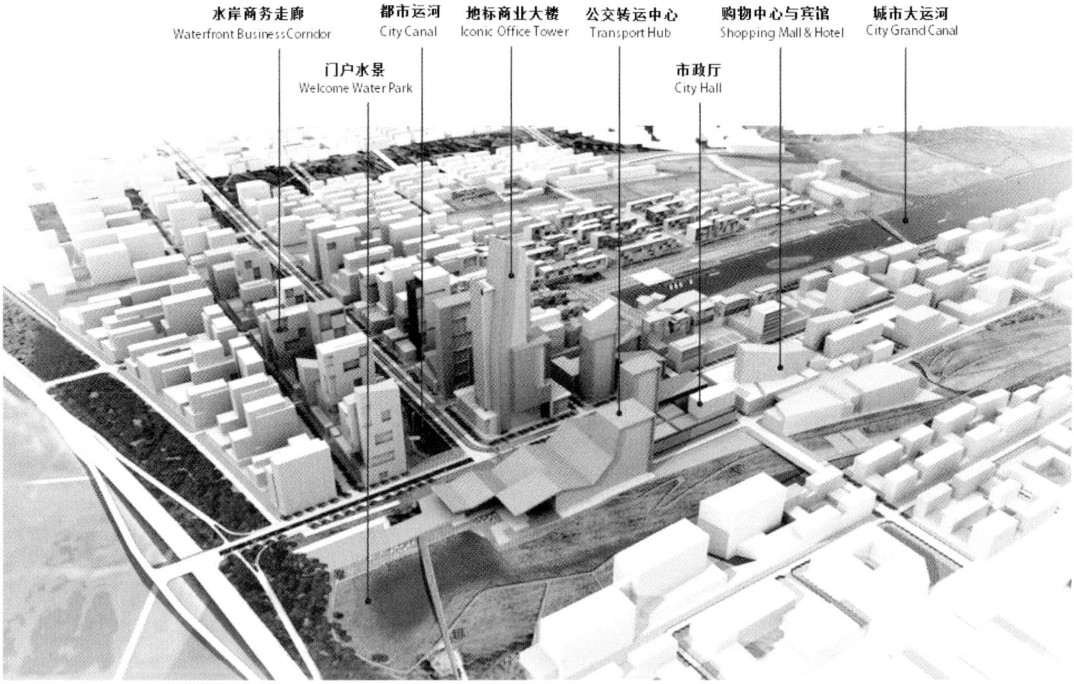

© Sasaki Associates

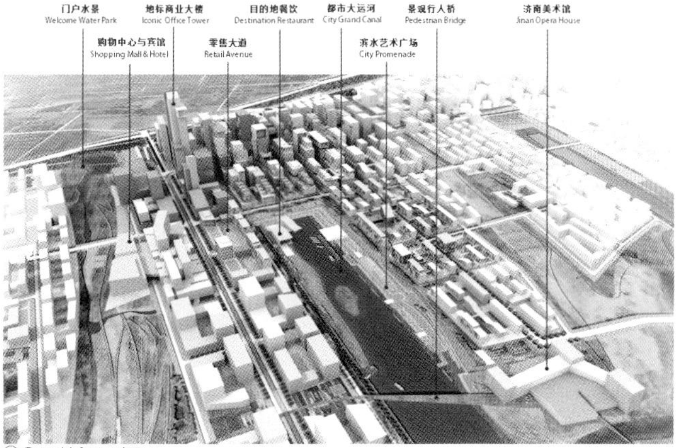

© Sasaki Associates

创新性的规划结合了多个关键原则。首先是保护生命和经济投资不受灾难性洪水的威胁。根据对基地水文详细的研究，该地区所设计的广泛的湿地系统将容纳200年一遇的雨洪水量。如果黄河现有的任何堤坝被冲毁，规划将确保仅有非居住空间会被淹没，而住人的地区仍然安然无恙。这些湿地还对改善水质和创造栖息地方面起着重要的作用，增加了区域物种的多样性。除了自然环境之外，规划的另外一个目标是突出济南独特的历史和文化。新的设施包括新博物馆、剧院、各种运动和休闲健身娱乐设施。为了强调新区个性的重要性，这些设施占据着指状结构指尖高度醒目的重要位置。这些市政空间还是该地区混合功能开发模式中的关键元素。彼此靠近的不同用地功能的组合将共同促进经济产出，鼓励创新性，并通过限制对汽车的依赖而减少碳排放面积。

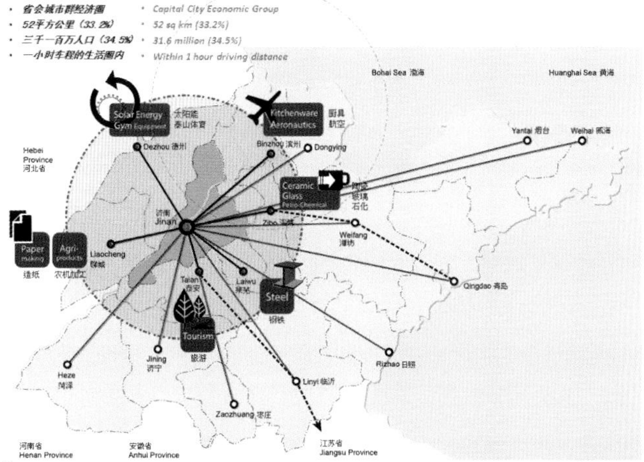

© Sasaki Associates

苏州西部生态城
Western Eco-city in Suzhou

© SBA design

透视图

项目概况

项目时间： 2010,11

项目地点： 苏州

项目规模： 总面积 4.98 平方千米

设计单位： SBA 设计事务所

项目类型： 竞赛二等奖

服务内容： 城市规划

主要功能： 居住，办公，购物，文化休闲，生态体育中心，旅游，度假别墅，医院

能源概念： 生态交通系统，生态照明系统，智能计量电力分配系统

项目地块位于上海、南京及杭州的基建交汇口——苏州，占地面积为4.98平方千米。水是生命之源，也是生态城市的重要组成元素。

© SBA design 鸟瞰图

© SBA design 建筑与水系——图底关系分析图

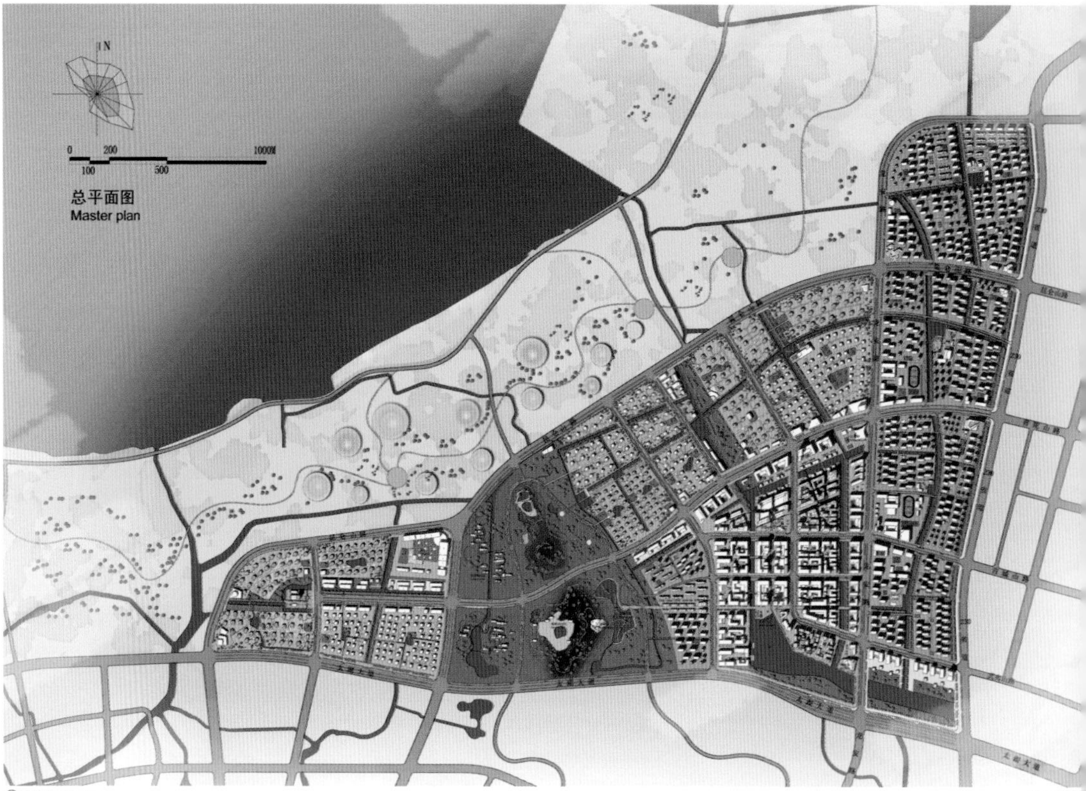

© SBA design 总平面图

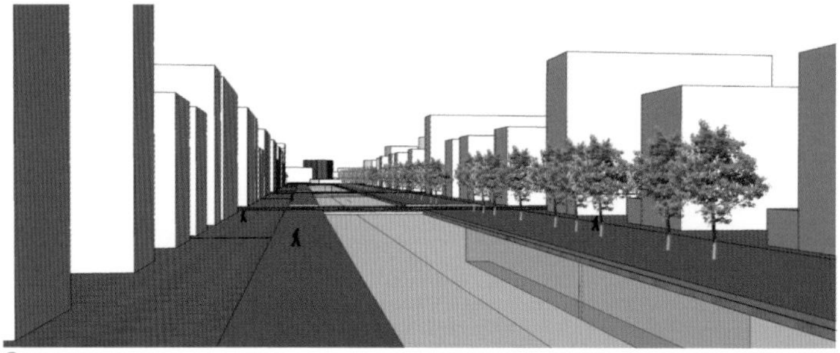

© SBA design 沿街透视图

苏州西部生态城市长江三角洲太湖中央绿色城市设计。
规划区域坐落于苏州，占地 4.98 平方千米，处于上海、南京和苏州的交界处。水是生命之源，同时也是定义生态城市的重要因素。现有的运河网络将被改编成新的市政结构网络。结合周边的自然景观以及太湖湿地，以环境保护为主题的城市设计能够得到很好的实施。除了生态绿地，突出的丘陵部分还将建造一片与周边环境相适应的体育及休闲区。居住核心区将在中欧风格的老城区附近打造市中心的商业区。
市中心周边将围绕低密度、高品质的居住区。 如同历史文化名城一样，每个街区都有各自的居住区。如此的设计能提升公共空间的价值。
不仅如此，在为邻里创造交流空间的同时，结合绿地空间，亦能自成一派宜人的微气候。另外，结合可再生能源、生态交通规划和最佳的空间利用方法，将水、绿色空间以及景观形态与公共空间和私人空间完美地联系在一起。
人与自然，是这个生态城市的最根本的概念。

基础设施层面的生态设计
ECO Design Infrastructural Level

ECO-Principles for Energy Infrastructure 能源设施的生态理念

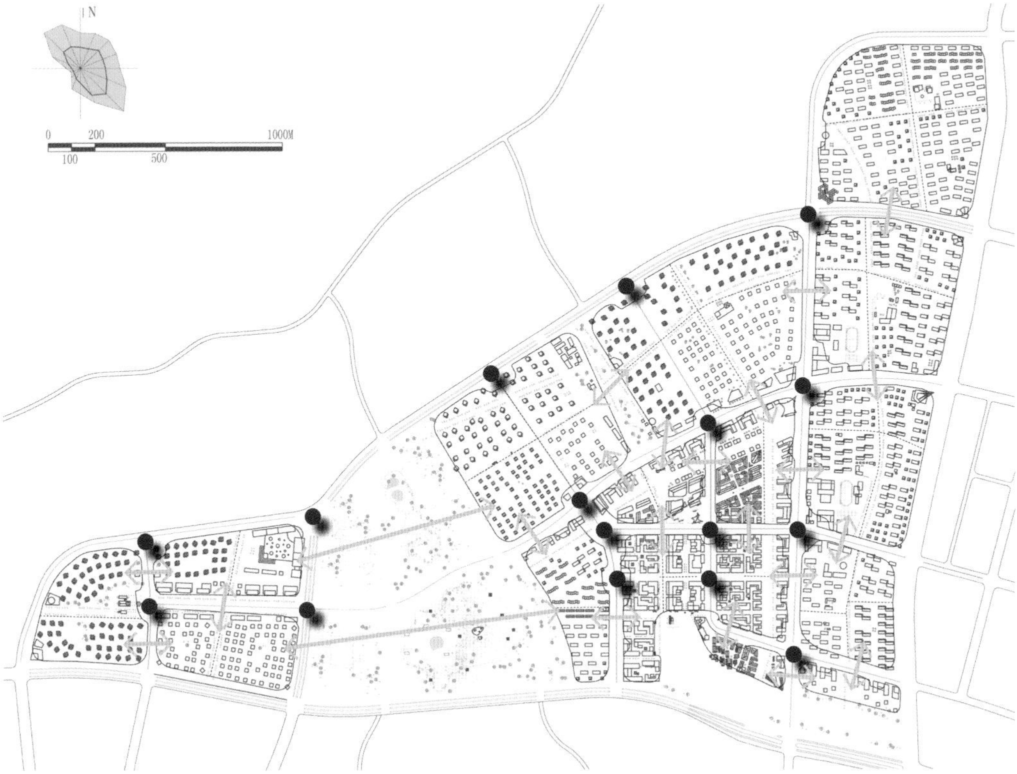

1. Distributed Energy Supply

By distributing the energy supply or the whole electricity system of the area it enabled that every block/house can supply the power network with its own current. At the same time the whole current supply is much less vulnerable for interferences.

1. 能源供应分配

通过分配能源供给和电力系统，每个街区和家庭都可以将自己的电供给网络，同时整体电力供应抗干扰性更强。

Possible 1st Power Grid Distribution
可能的电力网络分配

Possible Subdivision
网络细分

2. Smart Metered Power Distribution

Smart metering the whole area power grid a lot of energy could be saved by using the power only where it is needed at a certain moment.

2. 智能电力计量分配

整个地区的电力智能计量，使得电只在需要时使用，节省了大量能源。

3. Smart Metered Urban Installations

Smart metering all urban installations like traffic lights etc. also energy could be saved.

3. 城市设施的智能计量

城市设施的智能计量同样可以节省能源，比如交通灯。

Intelligent Traffic flow Coordination
智能交通协调节点

节点透视
Node perspectives

节点四 入口滨水广场
Node 4 - Waterfront square

区位
Loacation

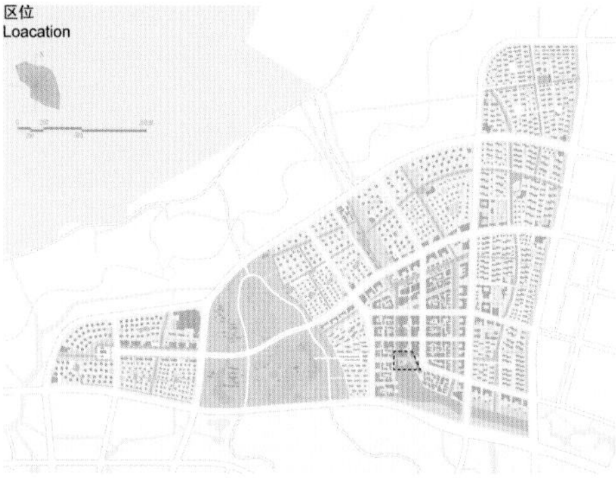

© SBA design
节点区域图

平面图
Plan

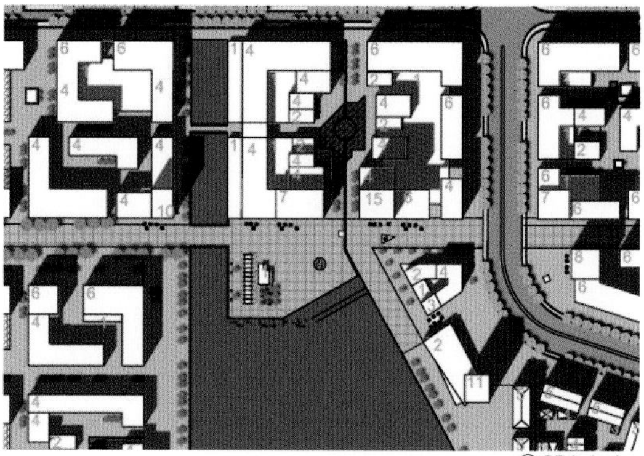

© SBA design
节点平面图

效果图
Perspective

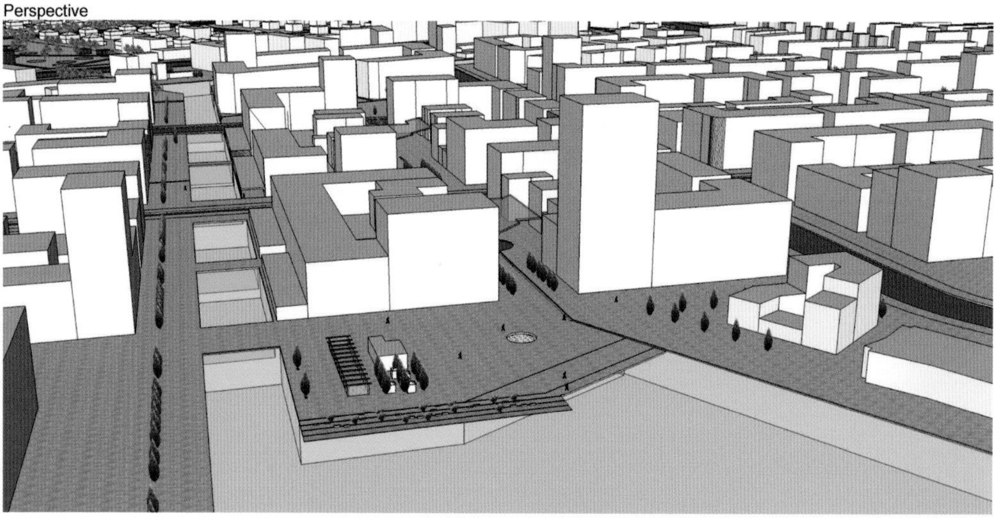

© SBA design
节点透视图

效果图
Perspective

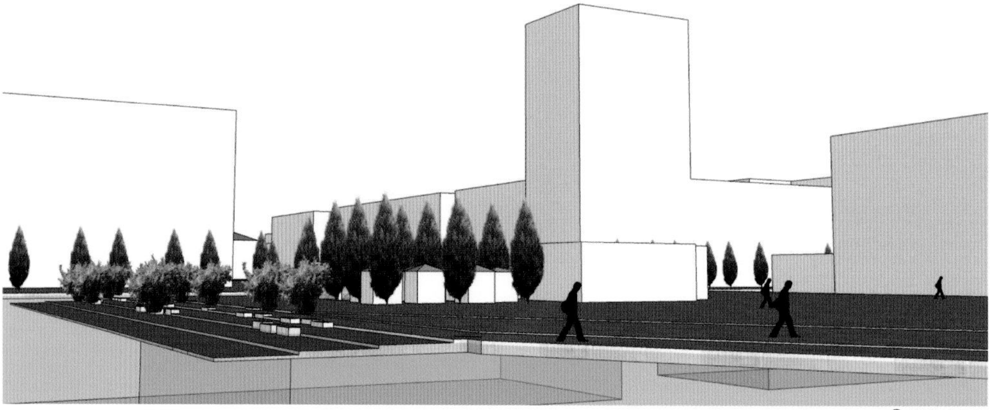

© SBA design
节点透视图

节点透视
Node perspectives

节点一 轴线
Node 1 - Axis

区位
Loacation

节点区域图

效果图
Perspective

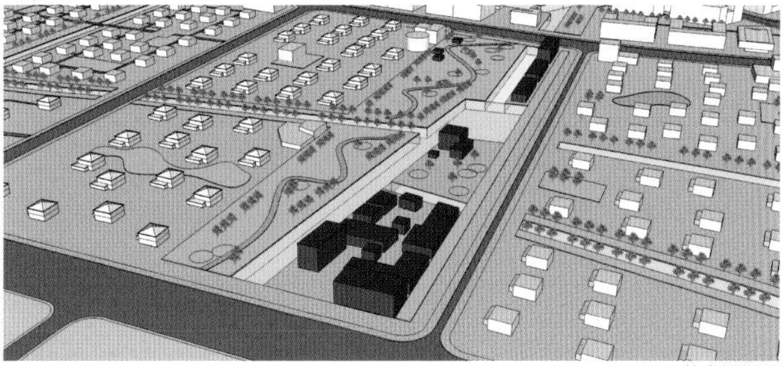

节点透视图

平面图
Plan

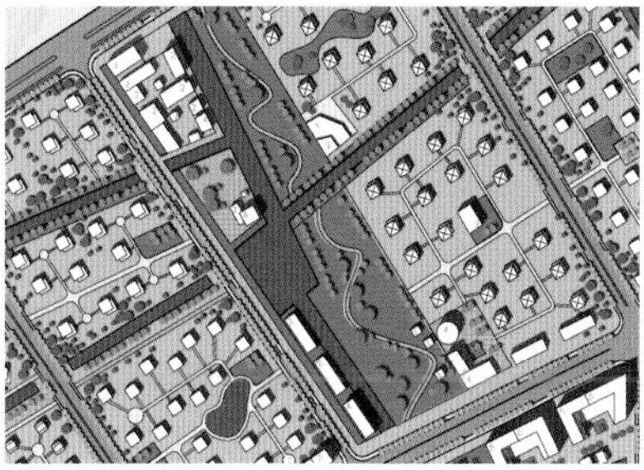

节点平面图

效果图
Perspective

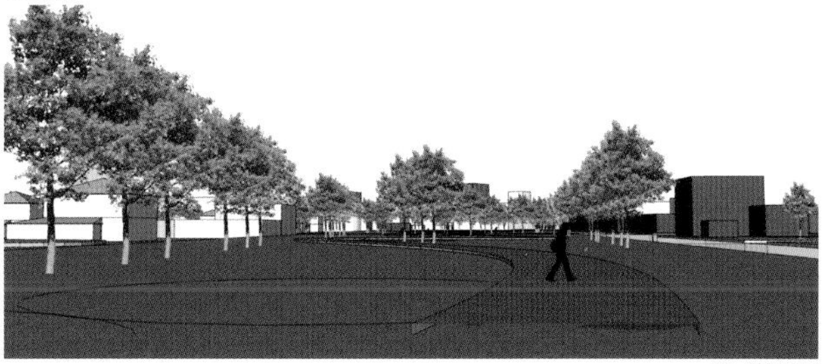

节点透视图

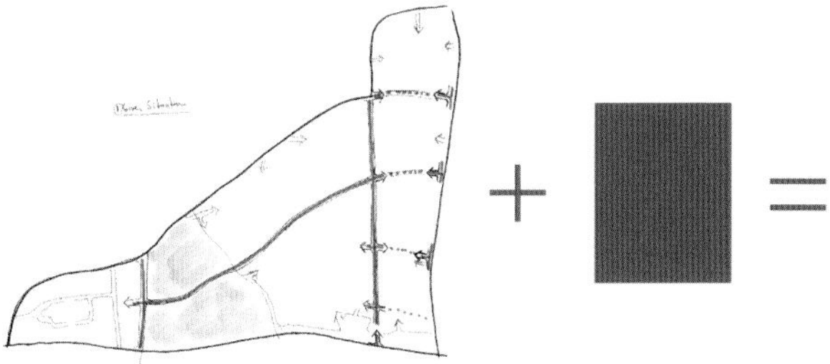

Given Situation
基础条件

City Structure
城市结构

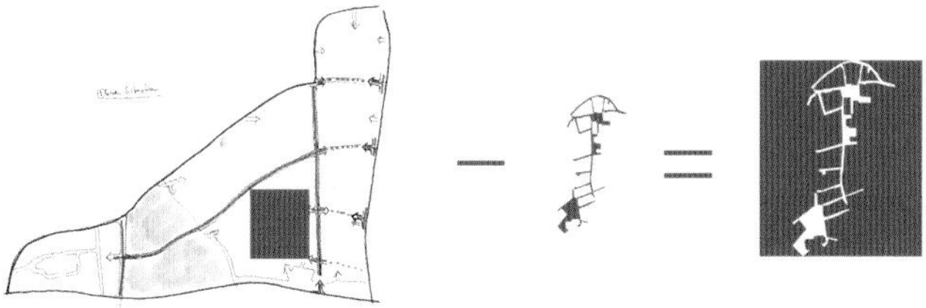

City Position
核心区位置

Interesting Open Space
富有趣味的开放空间

概念分析图

图书在版编目（C I P）数据

绿色低碳城区规划设计 / 中国建筑文化中心编著.
-- 北京 : 中国林业出版社, 2014.7
（绿色建筑实用技术图集系列）
ISBN 978-7-5038-7578-6

Ⅰ. ①绿… Ⅱ. ①中… Ⅲ. ①生态建筑－节能设计－
图集 Ⅳ. ①TU201.5-64

中国版本图书馆 CIP 数据核字(2014)第 149191 号

本书编委会：陈建为　朱　辉　唐可意　张竹村　王　蓉
朱凯飞　杨　琦　张寒隽　张　岩　鲁晓晨
谭金良　瞿铁奇　朱　武　谭慧敏
特约编辑：张竹村　王　蓉

中国林业出版社 · 建筑与家居图书出版中心
责任编辑：李丝丝

出版：中国林业出版社（100009 北京西城区德内大街刘海胡同 7 号）
网址：http://lycb.forestry.gov.cn/
E-mail：cfphz@public.bta.net.cn
电话：(010) 8322 8906
发行：中国林业出版社
印刷：北京利丰雅高长城印刷有限公司
版次：2015 年 1 月第 1 版
印次：2015 年 1 月第 1 次
开本：1/16
印张：12.5
字数：150 千字
定价：88.00 元